Luca-Kai

Siegbert Höllger, Karl-Georg Nöthen, Hans-Peter Oebel

Technische Kommunikation/Arbeitsplanung

Metall

Grundstufe

15. Auflage

Bestellnummer 08015

Bildungsverlag EINS

Haben Sie Anregungen oder Kritikpunkte zu diesem Produkt?
Dann senden Sie eine E-Mail an 08015_015@bv-1.de
Autoren und Verlag freuen sich auf Ihre Rückmeldung.

Quellenverzeichnis:
FABER-CASTEL AG, Nürnberg (S. 7)
rotring/Sanford GmbH, Hamburg (S. 7)

Hinweis:
Lehrkräfte erhalten über den Bildungsverlag EINS zu dem vorliegenden Arbeitsheft unter der Bestellnummer 80159, 13. Auflage, einen ausführlichen Lösungsband.

www.bildungsverlag1.de

Bildungsverlag EINS GmbH
Hansestraße 115, 51149 Köln

ISBN 978-3-441-**08015**-2

Vorwort

„Technische Kommunikation/Arbeitsplanung" ist als Arbeitsheft für die berufliche Grundbildung in der gewerblich-technischen Aus- und Weiterbildung konzipiert. Zielgruppen sind zum Beispiel Schülerinnen und Schüler des Berufsgrundschuljahres, der Berufsschule, der Berufsfachschule und vergleichbarer Bildungsgänge im Berufsfeld Metall. Darüber hinaus wird das Buch aber auch in der betrieblichen Ausbildung in Industrie und Handwerk, zur Vorbereitung auf die Berufsabschlussprüfungen sowie für berufliche Qualifizierungsmaßnahmen außerschulischer Bildungsträger eingesetzt.

Angesichts der zunehmenden Vernetzung von Arbeitsbereichen und zunehmender Teamarbeit bei den Arbeitsprozessen zählt die Fähigkeit zur kompetenten Teilnahme an betrieblichen Informations- und Kommunikationsprozessen zu den Schlüsselkompetenzen der Mitarbeiterinnen und Mitarbeiter. Dementsprechend bildet die Förderung dieser Schlüsselkompetenzen einen Schwerpunkt der beruflichen Aus- und Weiterbildung.

Diese Zielsetzung deckt sich mit den Inhalten und der methodischen Konzeption des vorliegenden Lehr- und Arbeitsbuchs. Über den Erwerb grundlegender Kenntnisse, Fähigkeiten und Fertigkeiten der technischen Kommunikation sollen die Schülerinnen und Schüler befähigt werden, bereits im ersten Jahr ihrer Aus- und Weiterbildung die für gewerblich-technische Berufsfelder typischen Zeichnungen, Skizzen, Pläne, Texte, Tabellen, Diagramme, Normen, Symbole und Fachbegriffe lesen, verstehen und anwenden zu können.

Die methodische Konzeption orientiert sich an den Aussagen der Schulforschung zu gutem Unterricht:
- Der Unterricht knüpft an vorhandenes Wissen der Schülerinnen und Schüler an.
- Der Unterricht ermöglicht den Schülerinnen und Schülern aktives Lernen.
- Die Lehrkraft zeigt Interesse am Lernen der Schülerinnen und Schüler.
- Die Lehrkraft gibt Schülern eine Orientierung über die Lernziele und -inhalte.
- Die Lehrkraft gibt den Schülerinnen und Schülern Rückmeldung über ihre Lernaktivitäten und -fortschritte.
- Die Schülerinnen und Schüler üben Gelerntes durch häufiges Anwenden ein.
- Die Schülerinnen und Schüler können häufig in Partner- und Gruppenarbeit lernen.
- Die Schülerinnen und Schüler können das eigene Lernen selbst überwachen.

Darüber hinaus greift die methodische Konzeption des Arbeitsheftes bewährte Unterrichtspraxis im Lernbereich „Technische Kommunikation" auf. Zu Beginn stehen die Entwicklung formaler Zeichenfertigkeiten und des räumlichen Vorstellungsvermögens im Vordergrund. Hierauf aufbauend werden neben Teil- und Gesamt-Zeichnungen auch andere technische Unterlagen gelesen und ausgewertet. Darüber hinaus werden die Schülerinnen und Schüler an die Dokumentation technisch-funktionaler Zusammenhänge herangeführt.

Die Erarbeitung der Themengebiete erfolgt in überschaubaren Schritten über die Verknüpfung von Informationen und Arbeitsanweisung. Die Informationen ergänzen die den Schülerinnen und Schülern im Unterricht zur Verfügung stehenden Informationsquellen wie Tabellen- und Fachkundebuch. Die kompakten Aufgabenstellungen ermöglichen einen Unterricht, der auf die individuellen Lernvoraussetzungen der Schülerinnen und Schüler Rücksicht nimmt sowie ein hohes Maß an Schüleraktivität und Selbstständigkeit bei der Bearbeitung bzw. der Lernzielkontrolle fördert. Diese Konzeption des Arbeitsheftes lässt den Lehrerinnen und Lehrern sehr viel Spielraum bei der Gestaltung des handlungs- und lernfeldorientierten Unterrichts.

Das Arbeitsheft „Technische Kommunikation/Arbeitsplanung" wurde mit der 15. Auflage gründlich überarbeitet. Hierbei wurden vor allem die auf DIN-Normen und VDI-Richtlinien basierenden Inhalte aktualisiert, einzelne Aufgabenstellungen konkretisiert sowie der Themenbereich „Schaltpläne" erweitert.

Jutta Hölger, Karl-Georg Nöthen, Hans-Peter Oebel

Inhaltsverzeichnis

Einführung in die Technische Kommunikation/Arbeitsplanung

Technische Kommunikation bezeichnet die Beschaffung, Bearbeitung, Weitergabe und Speicherung von Informationen bei der Herstellung oder Veränderung eines Produktes. Damit der Herstellungs- oder Veränderungsprozess störungsfrei verlaufen kann, müssen alle Beteiligte zum richtigen Zeitpunkt mit den notwendigen Informationen versorgt werden. Darüber hinaus müssen die Informationen eindeutig und frei von Fehlern sein.

Zur Dokumentation und Weitergabe von Informationen werden **Technische Unterlagen** angefertigt. Beispiele für häufig verwendete Technische Unterlagen sind:
- Technische Zeichnungen
- Pläne
- Stücklisten und Tabellen
- Betriebsanleitungen
- Programme und elektronische Datenträger
- DIN-Normen, Richtlinien und Werk-Normen

Technische Zeichnungen dokumentieren alle notwendigen Informationen für die Herstellung oder Veränderung eines Produktes. So muss zum Beispiel die Zeichnung eines Einzelteils genaue Angaben über Werkstoff, Form, Abmessungen und Oberflächengüte enthalten.
Eine fachgerecht angefertigte Technische Zeichnung erfüllt vor allem die folgenden Kriterien:
- vollständige und eindeutige Darstellung und Bemaßung,
- saubere Strichführung in richtiger Linienbreite,
- Zahlen und Beschriftungen in Normschrift,
- Berücksichtigung der aktuellen Zeichnungsnormen.

In **Zeichnungsnormen** werden die allgemeingültigen Richtlinien zur eindeutigen und verständlichen Darstellung von Werkstücken zusammengefasst, um Fehler beim Lesen und Verstehen von Technischen Zeichnungen zu vermeiden. Die wichtigsten Normen und Richtlinien für Technische Zeichnungen sind:
- DIN – Deutsche Normen (Deutsches Institut für Normung in Berlin e.V.)
- EN – Europäische Normen (Europäische Normungsorganisation CEN in Brüssel)
- ISO – Internationale Normen (International Organization for Standardization in Genf)

Zur Anfertigung einer fachgerechten Zeichnung von Hand sind folgende **Zeichengeräte** hilfreich:

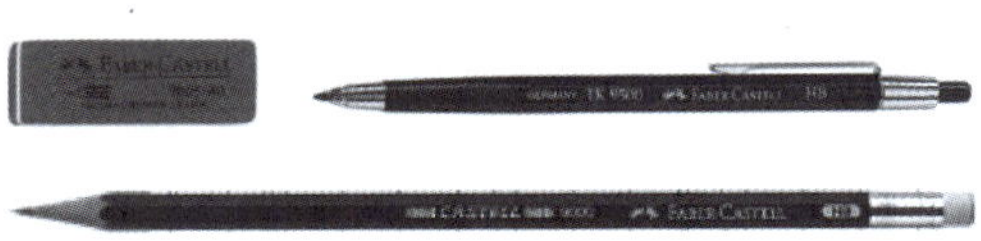

Bleistifte (HB ≙ weich, F ≙ mittel, 2H ≙ hart) und ein weicher Radiergummi

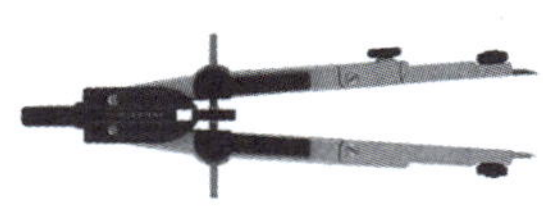

Zirkel

Lineal mit Maßstab oder ein 30 cm langes Kunststofflineal

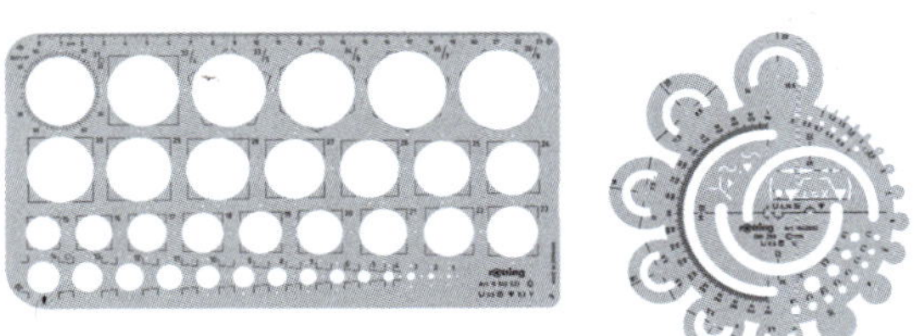

Kreisschablonen

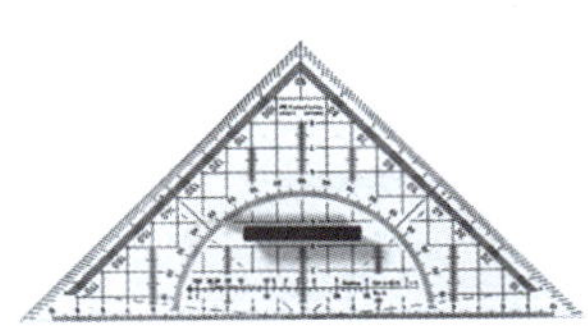

Zeichendreieck mit Winkelmesser (Geodreieck)

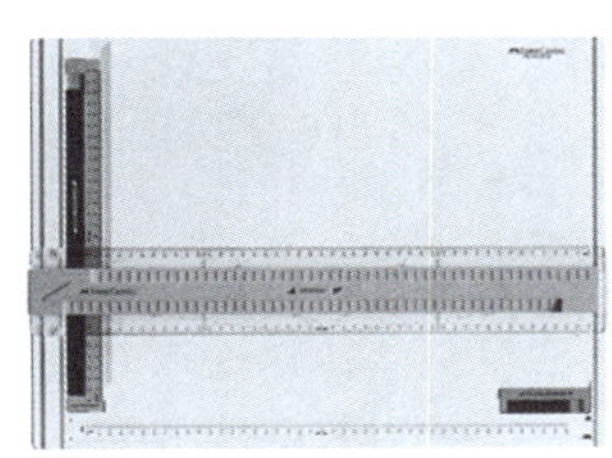

Zeichenplatte (DIN-Format 4 oder DIN-Format 3)

DIN 199	Technische Kommunikation	Name		
		Klasse	Datum	1.1

Einführung in die Technische Kommunikation und Arbeitsplanung

Bevor eine Technische Zeichnung als Teil der Produktdokumentation angefertigt werden kann, ist in der Regel eine systematische Analyse der Problemstellung sowie der Anforderungen und der Rahmenbedingungen des Arbeitsauftrages erforderlich.

Die VDI-Richtlinie 2222 gibt die Arbeitsschritte vor: Analyse → Konzipieren → Entwerfen → Ausarbeiten

Problemstellung

Auftrag

Eine Seilrolle soll als Umlenkrolle genutzt werden. Zu diesem Zweck ist eine einfache Deckenhalterung zu entwerfen und zu fertigen.

Vorgabe

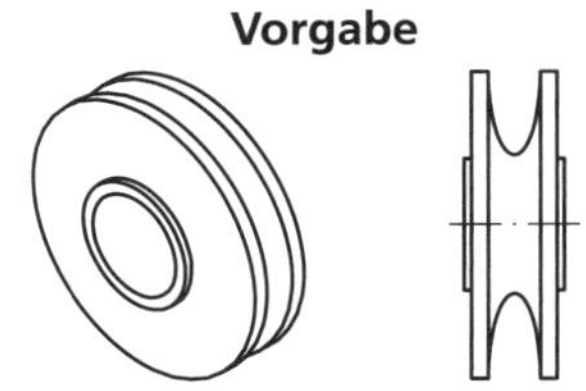

Analyse

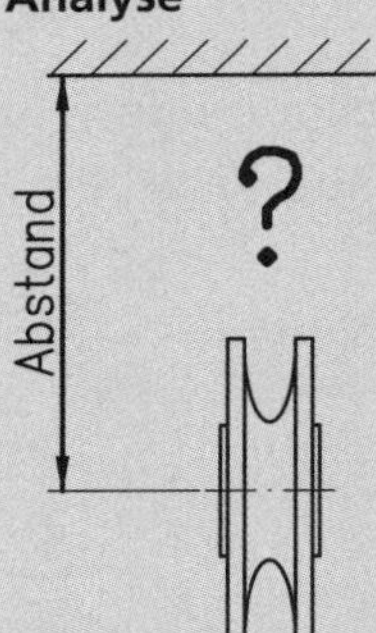

⇨ **Klären der Aufgabenstellung**
- Was soll gemacht werden?
- Wie soll es gemacht werden?
- Welche Maße sind einzuhalten?
- Besondere Werkstoffe?
u. a.

⇨ **Ergebnis**
- Deckenhalterung für eine Umlenkrolle
- Anforderungsliste (Auszug)
  - einfache Bauart
  - wenig Einzelteile
  - möglichst Normteile
- Mindestabstand von der Decke
- Werkstoffe nach funktionellen und fertigungstechnischen Gesichtspunkten

Konzipieren

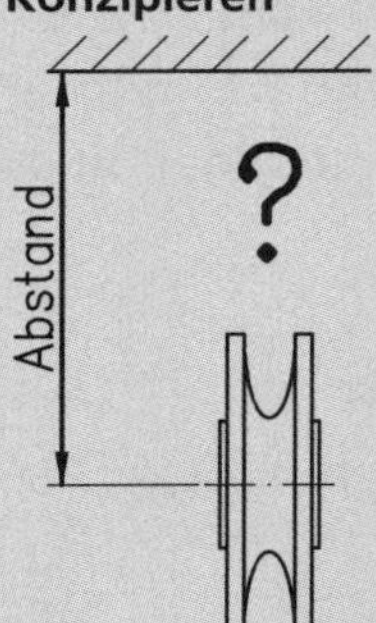

⇨ **Erarbeitung von Lösungen**
- Erarbeitung von Lösungsvarianten
- Bewertung der Lösungsvarianten
- Auswählen der geeigneten Lösung

⇨ **Ergebnis**

Prinzipskizzen (Auszug) Lösungen

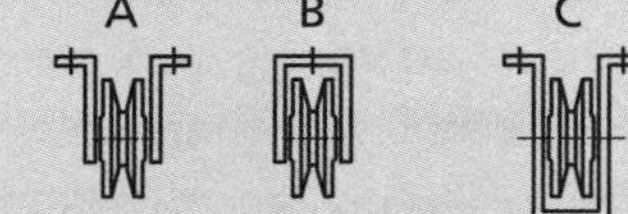

Technische Bewertung mittels Kriterien und Punktvergabe

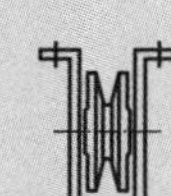

Entwerfen

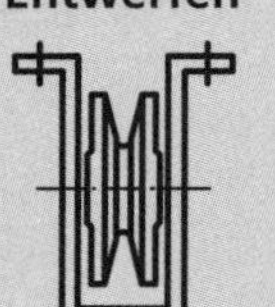

⇨ **Erstellung eines maßstäblichen Entwurfs**
- Erstellen maßstäblicher Entwürfe bzw. Skizzen

⇨ **Ergebnis**

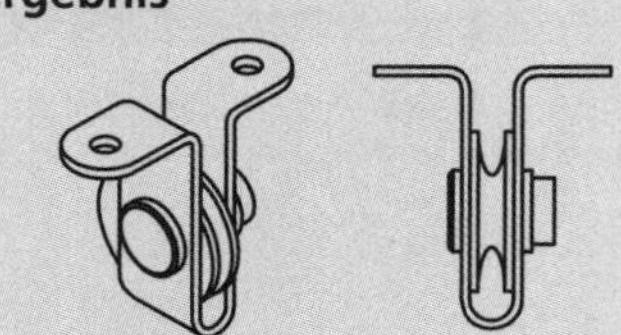

Ausarbeiten

⇨ **Ausarbeiten der Fertigungsunterlagen**
- Erstellen von Fertigungszeichnungen
- Erstellen von Stücklisten
- Arbeitsanweisungen

⇨ **Ergebnis**

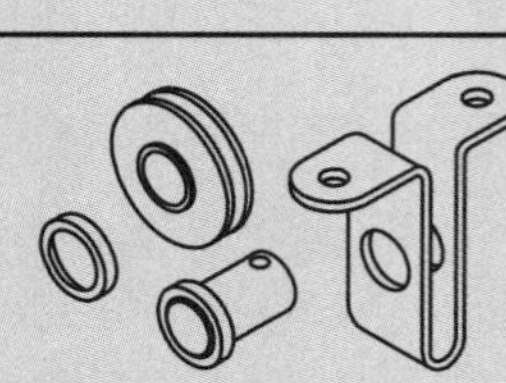

2	4	Stck	Sechskantschraube	ISO 4017 – M 12 × 60 – 8.8	
1	1	Stck	Halter	L-Profil DIN EN 10056-1 – 80 × 80 × 10 – 350	S235JOG3
Pos.	**Menge**	**Einheit**	**Benennung**	**Sachnummer/Norm-Kurzbezeichnung**	**Bemerkung**

(Verantw. Abt.) | (Technische Referenz) | Erstellt durch | Genehmigt von

Dokumentart | (Dokumentstatus)

Schriftfeld nach DIN ISO 7200

Zeichnungsnummer

Ausgabedatum | (Spr.) | (Blatt)

VDI-Richtlinie 2222	Technische Kommunikation und Arbeitsplanung – Einführung	Name	
		Klasse	Datum
			1.2

Bearbeiten Sie für die folgende Problemstellung die Arbeitsschritte nach VDI-Richtlinie 2222.

Auftrag

Ein Installationsbetrieb benötigt für einen Reparaturauftrag kurzfristig mehrere Rohrschellen für die Befestigung eines Leitungsrohres aus Stahl.
Die Rohrschellen sollen hergestellt und dann lösbar mit dem Träger verbunden werden.

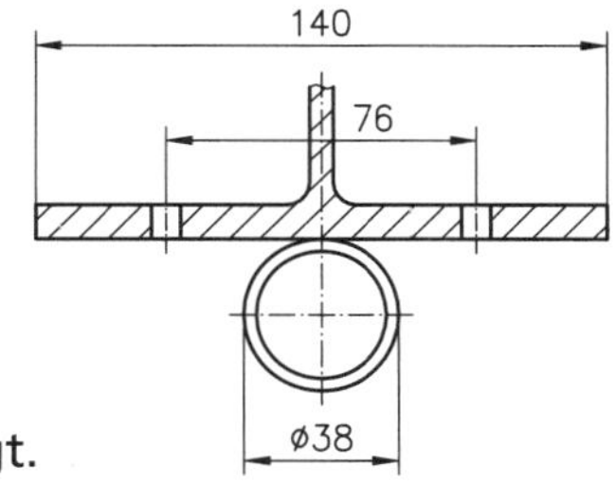

Das Leitungsrohr wird mittig unter einem „IPB-Profil DIN 102 -IPB 140" verlegt.
Die Leitung unter dem Träger hat insgesamt eine Länge von L = 20 m.
Der Abstand der Rohrschellen zueinander soll p = 75 cm betragen.
Für die Befestigung der Rohrschellen ist der in der Zeichnung des Trägers angegebene Bohrungsabstand einzuhalten.

Analyse

Bestimmen Sie die notwendige Anzahl n an Rohrschellen, wenn die erste und die letzte Rohrschelle jeweils im Abstand a = 25 cm vom Leitungsende montiert werden.

Konzipieren

Lösungsvarianten der Rohrschelle erstellen und bewerten.

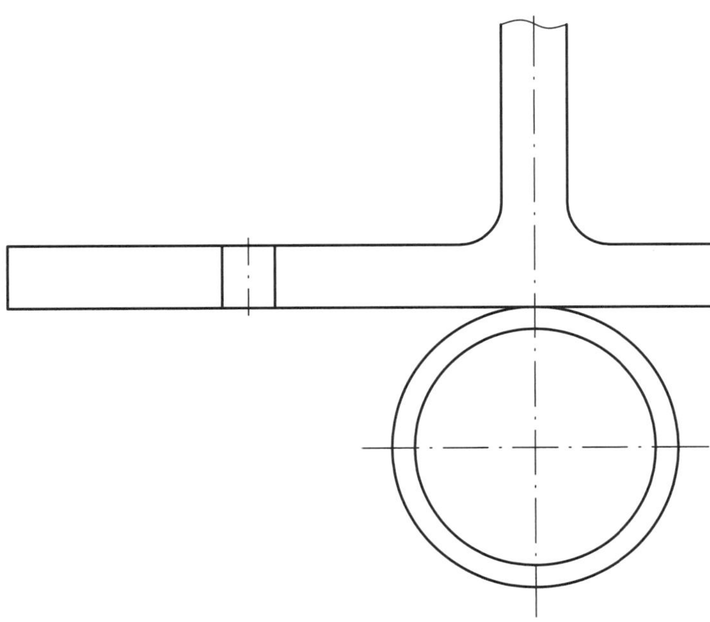

VDI-Richtlinie 2222	Technische Kommunikation und Arbeitsplanung – Problemstellung	Name		
		Klasse	Datum	1.3.1

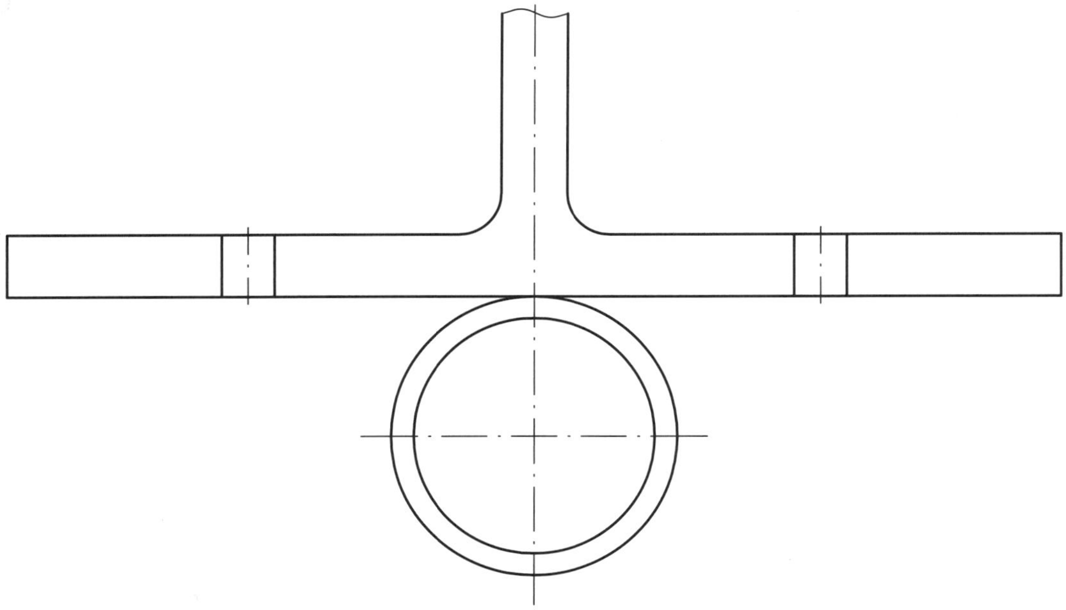

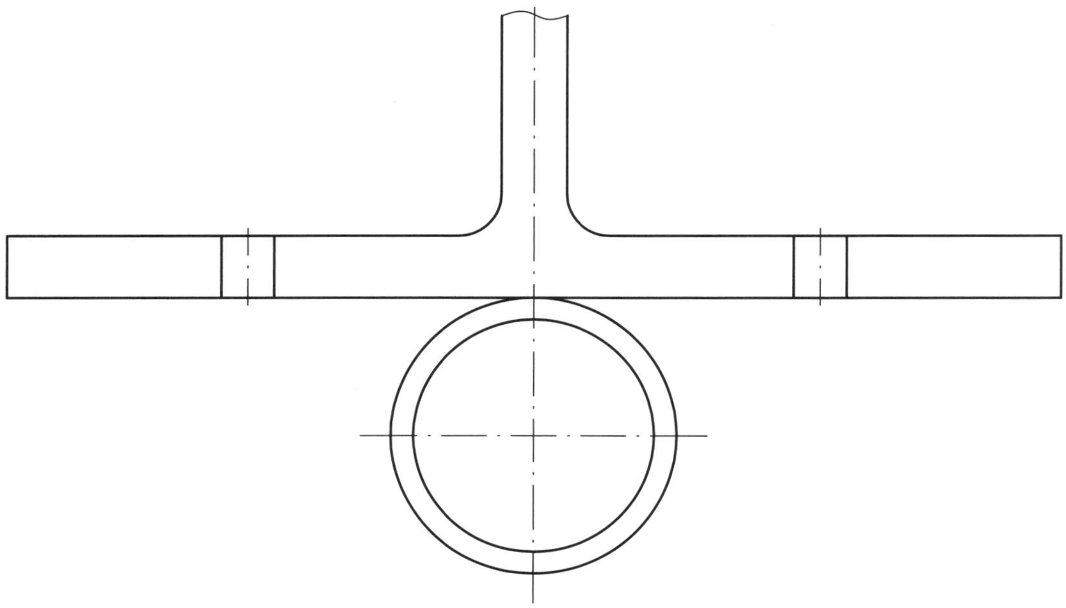

Halbzeug für die Herstellung der Rohrschelle auswählen.

Informationen

Entwerfen der Rohrschelle

- Erstellen eines maßstäblichen Entwurfs (Festlegen aller Maße, Werkstoffauswahl, Ermitteln der Biegeradien ...)
- Berechnung der gestreckten Länge des Rohteils
- ...

Ausarbeiten der Fertigungsunterlagen

- Erstellung der Fertigungszeichnung

VDI-Richtlinie 2222	Technische Kommunikation und Arbeitsplanung – Problemstellung	Name		
		Klasse	Datum	1.3.2

1. **Bestimmen Sie für die in der Tabelle angegebenen Schriftgrößen der Normschrift „DIN EN ISO 3098-2" die fehlenden Schriftmaße.**

Schriftform B		Verhältnis	Schriftmaße in mm				
h	Schriftgröße (Höhe der Großbuchstaben und Zahlen)	h	**2,5**	**3,5**	**5**	**7**	**10**
c_1	Höhe der Kleinbuchstaben	$0{,}7 \cdot h$					
c_2	Unterlängen	$0{,}3 \cdot h$					
c_3	Oberlängen	$0{,}3 \cdot h$					
a	Abstand zwischen Schriftzeichen	$0{,}2 \cdot h$					
b	Abstand zwischen Grundlinien	$1{,}5 \cdot h$					
e	Abstand zwischen Wörtern	$0{,}6 \cdot h$					
d	Linienbreite	$0{,}1 \cdot h$					

2. **Bemaßen Sie die folgenden Buchstaben, Zahlen und Abstände der Normschrift des Schrifttyps B für die Schriftgröße 10.**

3. **Schreiben Sie den vorgegebenen Text in Normschrift der Schriftform B nach DIN EN ISO 3098-2. Orientieren Sie sich hierbei an den vorgegebenen Hilfslinien der Schriftgröße 7. Text: „Normung ist die einheitliche Festlegung von Produkteigenschaften, zum Beispiel Maße, Formen und Farben von Einzelteilen."**

Informationen

Technische Zeichnungen werden mit Normschrift nach DIN EN ISO 3098-2 beschriftet. Dies trägt zur Lesbarkeit und Eindeutigkeit der Zeichnungen bei.

In Technischen Zeichnungen werden die vertikale Schriftform B und die Schriftgrößen 3,5 – 5 – 7 bevorzugt angewendet. Die Mindestschriftgröße für die Blattgrößen DIN A4, DIN A3 und DIN A2 beträgt 2,5 mm, für größere Formate 3,5 mm.

Normschrift nach DIN EN ISO 3098-2 Schrifttyp B

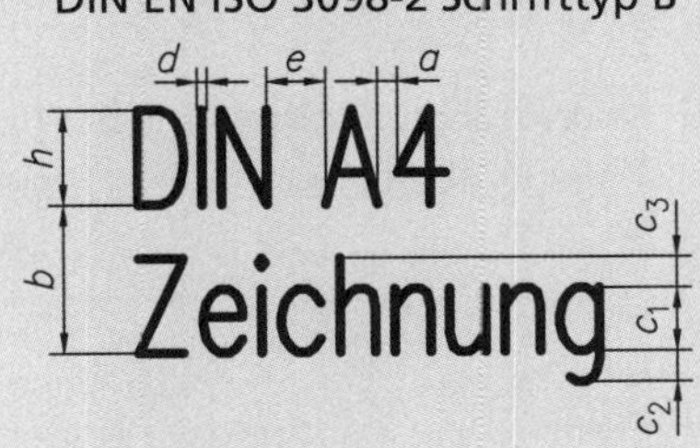

DIN EN ISO 3098-2	Normschrift	Name		
		Klasse	Datum	**1.4**

1. **Tragen Sie die in der Tabelle vorgegebenen Daten in Normschrift der Schriftgröße 3,5 Schriftform B in das Schriftfeld ein.**

Feldbezeichnung	Feldinhalt	Feldbezeichnung	Feldinhalt
Eigentümer:	Schulname oder Schullogo	Ausgabedatum:	Tag der Anfertigung
Titel:	Lagerbock	verantwortliche Abteilung:	Ihre Klassenbezeichnung
Zeichnungsnummer:	TK-201 1-00124.A4	technische Referenz:	Name Ihres Ausbilders
Dokumentenart:	Einzelteilzeichnung	Dokumentenstatus:	freigegeben
erstellt durch:	Ihr Name	Sprache:	D
genehmigt von:	Name Ihres Lehrer	Blatt	1

<table>
<tr><td>(Verantw. Abt.)</td><td>(Technische Referenz)</td><td colspan="2">Erstellt durch</td><td colspan="2">Genehmigt von</td><td colspan="2"></td></tr>
<tr><td colspan="2" rowspan="3"></td><td colspan="2">Dokumentart</td><td colspan="4">(Dokumentstatus)</td></tr>
<tr><td colspan="2" rowspan="2">Titel</td><td colspan="4">Sach-/Zeichnungsnummer</td></tr>
<tr><td>(Änd.)</td><td>Ausgabedatum</td><td>(Spr.)</td><td>(Blatt)</td></tr>
</table>

2. **Füllen Sie das vorgegebene vereinfachte Schriftfeld in Normschrift aus (Maßstab 1:1; Benennung: Lagerbock).**

<table>
<tr><td rowspan="2">Maßstab</td><td rowspan="2">Titel</td><td colspan="3">Name</td></tr>
<tr><td>Klasse</td><td>Datum</td><td>Blatt</td></tr>
</table>

Informationen

1. **Schriftfelder für technische Zeichnungen (DIN EN ISO 7200)**
Die Breite des Schriftfeldes beträgt 180 mm. Die Höhe und Breite der einzelnen Felder sind dagegen nicht festgelegt. In das Schriftfeld werden die erforderlichen Informationen zur technischen Produktdokumentationen von Werkstücken eingetragen. Zusätzlich können die Felder ausgefüllt werden, deren Feldbezeichnung in Klammern gesetzt sind.

180

<table>
<tr><td>(Verantw. Abt.)</td><td>(Technische Referenz)</td><td colspan="2">Erstellt durch</td><td colspan="2">Genehmigt von</td><td colspan="2"></td></tr>
<tr><td colspan="2" rowspan="3">Gesetzl. Eigentümer
Firmenlogo</td><td colspan="2">Dokumentart</td><td colspan="4">(Dokumentstatus)</td></tr>
<tr><td colspan="2" rowspan="2">Titel
Inhalt des techn.
Dokumentes</td><td colspan="4">Sach-/Zeichnungsnummer</td></tr>
<tr><td>(Änd.)</td><td>Ausgabedatum</td><td>(Spr.)</td><td>(Blatt)</td></tr>
</table>

2. **Vereinfachtes Schriftfeld für Arbeitsblätter**
Für Arbeitsblätter in der Schule und der Ausbildung wird häufig ein vereinfachtes Schriftfeld verwendet. Für das Feld „Titel" wird die Schriftgröße 7 empfohlen, für die übrigen Felder die Schriftgröße 3,5.

<table>
<tr><td rowspan="2">Maßstab</td><td rowspan="2">Titel</td><td colspan="3">Name</td></tr>
<tr><td>Klasse</td><td>Datum</td><td>Blatt</td></tr>
</table>

<table>
<tr><td rowspan="2">DIN EN ISO 7200</td><td rowspan="2">Schriftfeld</td><td colspan="3">Name</td></tr>
<tr><td>Klasse</td><td>Datum</td><td>1.5</td></tr>
</table>

1. Zeichnen Sie eine Strecke von 5 mm in den angegebenen Vergrößerungen.

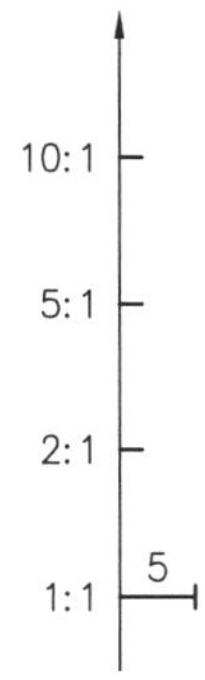

2. Zeichnen Sie eine Strecke von 60 mm in den angegebenen Verkleinerungen.

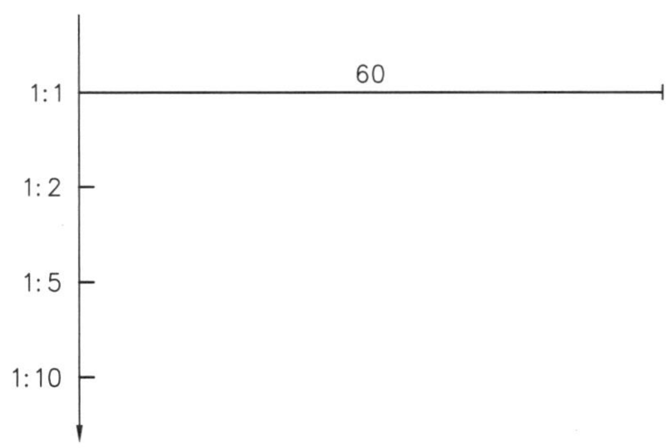

3. Zeichnen und bemaßen Sie einen Blechstreifen 0,2 × 3 × 10 im Maßstab 5:1.

4. Ergänzen Sie die fehlenden Seitenlängen (runden Sie auf ganze Millimeter ab).

Blattgrößen	Schnittformat
A0	841 x 1189
A1	594 x 841
A2	______ x 594
A3	______ x 420
A4	210 x 297
A5	______ x 210
A6	______ x 148

5. Zeichnen Sie die Zeichenfläche in das DIN A3-Format ein.

6. Tragen Sie das Schriftfeld in die Zeichenfläche des DIN A3-Formats ein.

Informationen

1. Vergrößerung = wirkliches Maß mal Vergrößerungszahl
2. Verkleinerung = wirkliches Maß geteilt durch Verkleinerungszahl
3. Als Maßzahlen sind stets die wirklichen Maße einzutragen.
4. Die DIN-Formate entstehen durch fortgesetztes Halbieren der langen Seiten.
5. Die Zeichenfläche ist kleiner als das Papierformat. Sie hat links einen Abstand von 20 mm (Heftrand), an den anderen Seiten von 10 mm.
6. Jede Zeichnung erhält ein Schriftfeld, das 180 mm breit und ca. 36 mm hoch ist. Es wird in die rechte untere Ecke eingetragen.

DIN ISO 5455 DIN ISO 216	Zeichnungsmaßstäbe und Papierformate	Name		
		Klasse	Datum	1.6

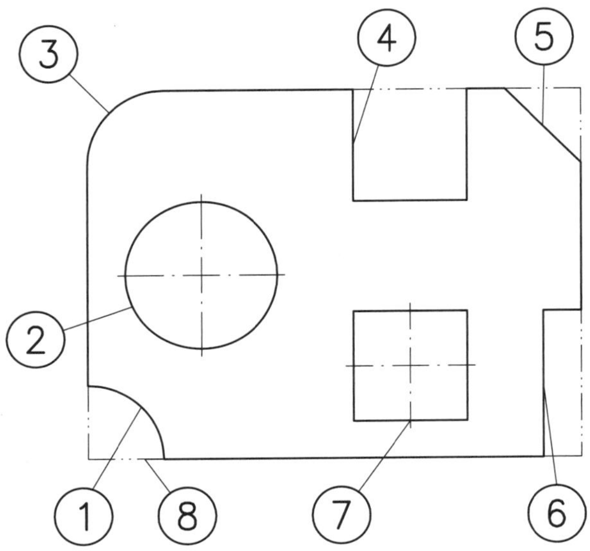

gesucht: a) Skizze des Werkstücks im Vergrößerungsmaßstab. Der Vergrößerungsmaßstab ist so festzulegen, dass die Skizze eine Zeichenfläche von 130 mm x 100 mm beansprucht.

b) Vervollständigen Sie das Schriftfeld.

gegeben: Werkstück mit den folgenden Abmessungen:

① Radius (konkav): 10 mm
② Bohrung: 20 mm
③ Radius (konvex): 10 mm
④ Nut: 15 mm × 15 mm
⑤ Abschrägung: 10 mm × 45°
⑥ Ausklinkung: 5 mm × 20 mm
⑦ Durchbruch: 15 mm × 15 mm
⑧ Grundfläche: 65 mm × 50 mm
Werkstoff: S235 JR
Titel: Schablone
Zeichnungsnummer: 1–10

(Verantw. Abt.)	(Technische Referenz)	Erstellt durch	Genehmigt von	
		Dokumentart	(Dokumentstatus)	
		Titel	Sach-/Zeichnungsnummer	
			(Änd.) Ausgabedatum (Spr.)	(Blatt) **1.7**

Informationen

Konstruktion einer Parallelen

Gegeben: Strecke $\overline{AB}$

① Zeichendreieck ❶ an die Strecke $\overline{AB}$ anlegen,
② Zeichendreieck ❷ oder Lineal an das Zeichendreieck ❶ anlegen,
③ Zeichendreieck ❶ bis zum Punkt P verschieben und die gesuchte Parallele $\overline{A'B'}$ ziehen.

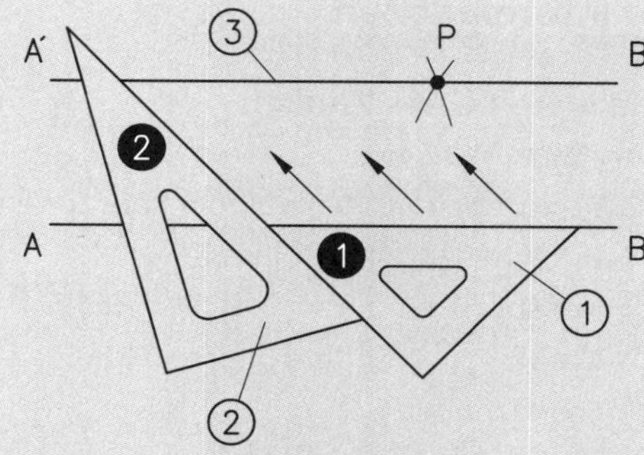

Halbieren einer Strecke

Gegeben: Strecke $\overline{AB}$

① Kreisbogen mit dem Radius $r > ½\ \overline{AB}$ um den Punkt A,
② Kreisbogen mit dem gleichen Radius *r* um den Punkt B ergibt die Schnittpunkte C und D,
③ Schnittpunkte C und D verbinden,
④ Verbindungslinie der Schnittpunkte C und D halbiert die Strecke $\overline{AB}$.

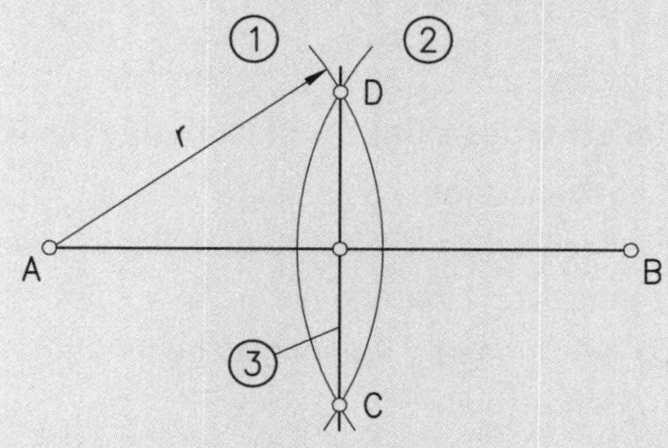

Fällen eines Lotes

Gegeben: Strecke $\overline{AB}$

① Kreisbogen mit beliebigem Radius um den Punkt E ergibt die Schnittpunkte C und D,
② Kreisbogen mit dem Radius *r* ($r > ½\ \overline{AB}$) um den Punkt C,
③ Kreisbogen mit dem gleichen Radius *r* um den Punkt D,
④ Verbindungslinie der Schnittpunkte E und F ergibt das gesuchte Lot auf die Strecke $\overline{AB}$.

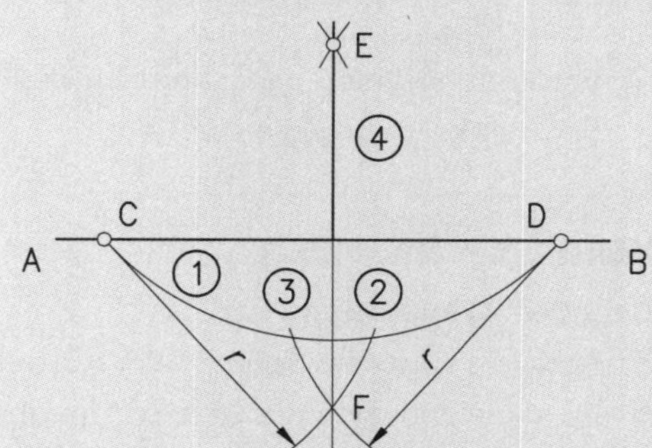

Errichten einer Senkrechten im Punkt B

Gegeben: Strecke $\overline{AB}$

① Kreisbogen mit beliebigem Radius *r* um den Punkt B ergibt den Schnittpunkt C,
② Kreisbogen mit dem gleichen Radius *r* um den Punkt C ergibt den Schnittpunkt D,
③ Kreisbogen mit dem gleichen Radius *r* um den Punkt D
④ Verbindungslinie der Schnittpunkte C und D verlängern ergibt den Schnittpunkt E,
⑤ Verbindungslinie der Punkte B und E ergibt die Senkrechte.

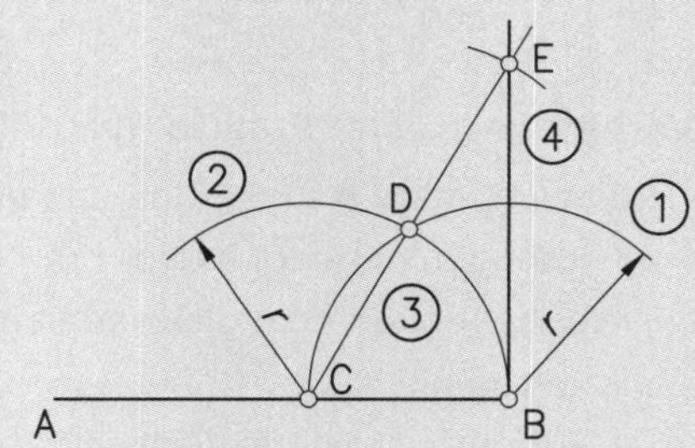

Sechseck im Kreis

Gegeben: Eckenmaß *e* oder Schlüsselweite *s*

① Kreis mit dem Radius $r = d / 2$ um den Punkt M (Hinweis: Kreisdurchmesser d entspricht dem Eckenmaß *e*. Kreisdurchmesser *d* kann auch aus der Schlüsselweite *s* berechnet werden: $d \approx 1{,}1547 \cdot s$),
② Kreisbogen mit dem gleichen Radius *r* um den Punkt A ergibt die Schnittpunkte C und D,
③ Kreisbogen mit dem gleichen Radius *r* um den Punkt B ergibt die Schnittpunkte E und F,
④ Verbindungslinien der Schnittpunkte ergeben das Sechseck.

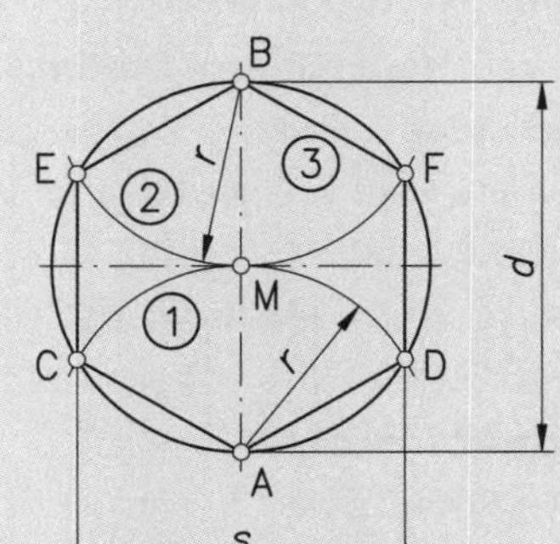

	Geometrische Grundkonstruktionen 1	Name	
		Klasse	Datum	1.8

Informationen

Halbieren eines Winkels

Gegeben: Winkel α

① Kreisbogen mit beliebigem Radius *r* um den Scheitelpunkt S ergibt die Schnittpunkte A und B,

② Kreisbogen mit dem gleichen Radius *r* um den Punkt A,

③ Kreisbogen mit dem gleichen Radius *r* um den Punkt B, ergibt den Schnittpunkt C,

④ Verbindungslinie der Punkte C und S ergibt die Winkelhalbierende des Winkels α.

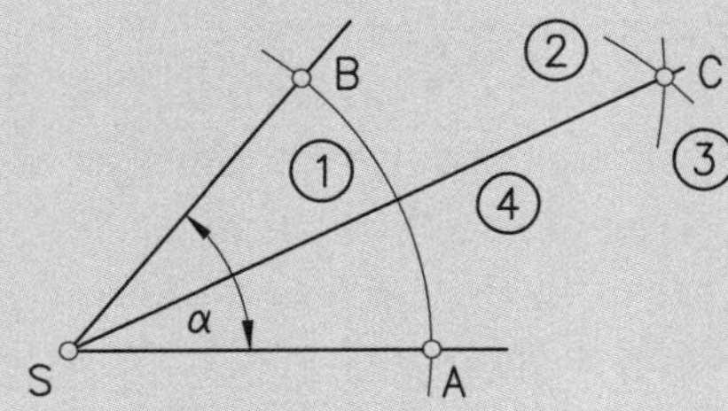

Teilen eines Winkels in drei gleiche Teile

Gegeben: Winkel α

① Kreisbogen mit beliebigem Radius r um den Scheitelpunkt S ergibt die Schnittpunkte A und B,

② Kreisbogen mit dem gleichen Radius *r* um den Punkt A ergibt den Schnittpunkt C,

③ Kreisbogen mit dem gleichen Radius *r* um den Punkt B ergibt den Schnittpunkt D,

④ Verbindungslinien der Schnittpunkte C und S sowie D und S teilen den Winkel in drei gleiche Teile.

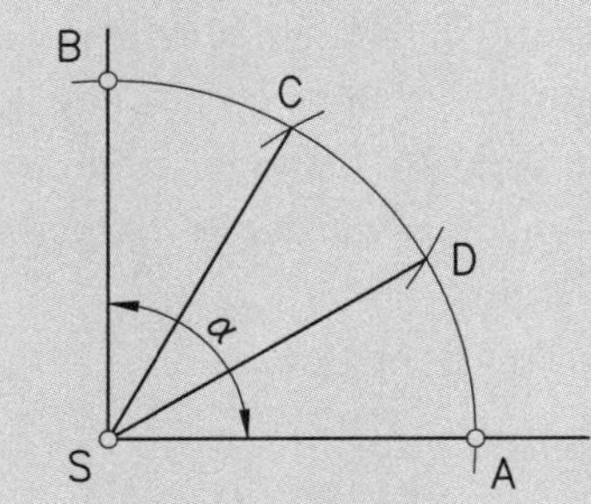

Kreisbogen am Winkel

Gegeben: Winkel α und Radius *r*

① Parallele zu einem Schenkel im Abstand des Radius *r*,

② Parallele zum zweiten Schenkel im gleichen Abstand *r* ergibt den Schnittpunkt M,

③ Kreisbogen um den Schnittpunkt M ergibt den Übergangsradius mit den Endpunkten A und B.

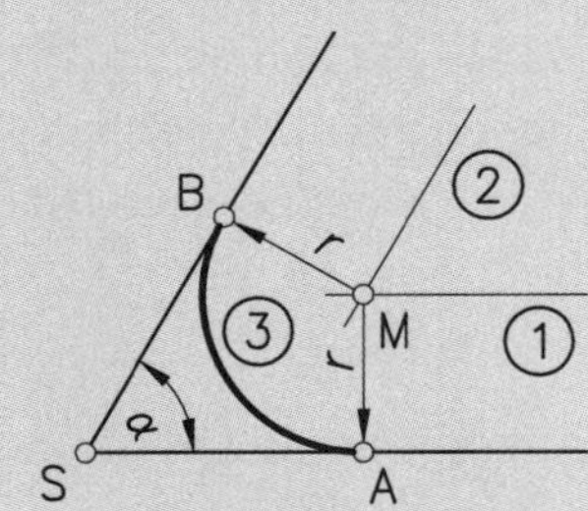

Verbinden zweier Punkte durch Kreisbogen

Gegeben: Punkte A und B und Radius *r*

① Kreisbogen mit dem Radius *r* um den Punkt A,

② Kreisbogen mit dem gleichen Radius *r* um den Punkt B ergibt den Schnittpunkt M,

③ Kreisbogen mit dem gleichen Radius *r* um den Mittelpunkt M verbindet die Punkte A und B.

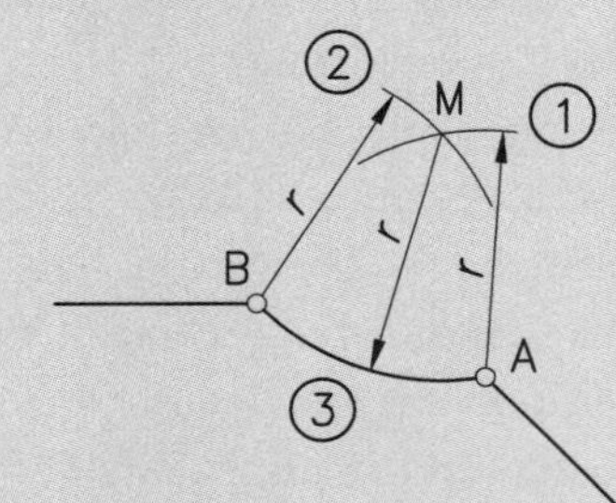

Bestimmen des Kreismittelpunkts

Gegeben: Kreis mit dem Durchmesser *d*

① Beliebige Gerade im Kreis ergibt die Schnittpunkte A und B,

② Zweite Gerade (möglichst senkrecht zur ersten Geraden ergibt die Schnittpunkte C und D,

③ Mittelsenkrechte auf der Strecke $\overline{AB}$ zeichnen,

④ Mittelsenkrechte auf der Strecke $\overline{CD}$ ergibt den Schnittpunkt M.

⑤ Der Schnittpunkt M entspricht dem Mittelpunkt des Kreises.

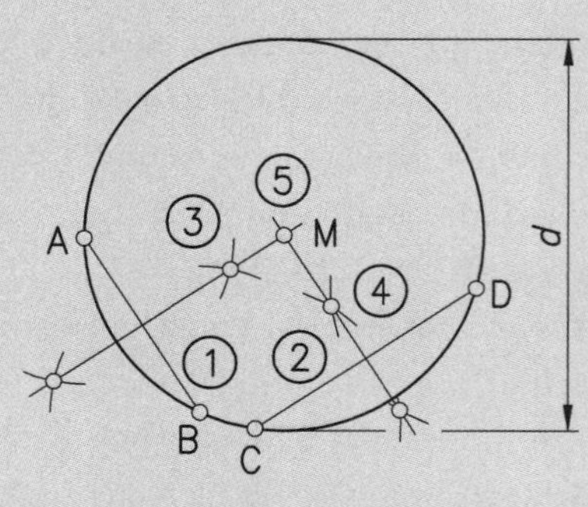

	Geometrische Grundkonstruktionen 2	Name		
		Klasse	Datum	1.9

1. Halbieren Sie die Strecke $\overline{AB}$.

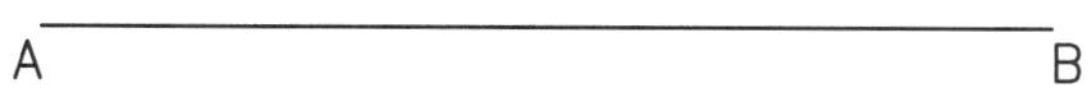

4. Teilen Sie den Winkel von 90° in drei gleich große Winkel.

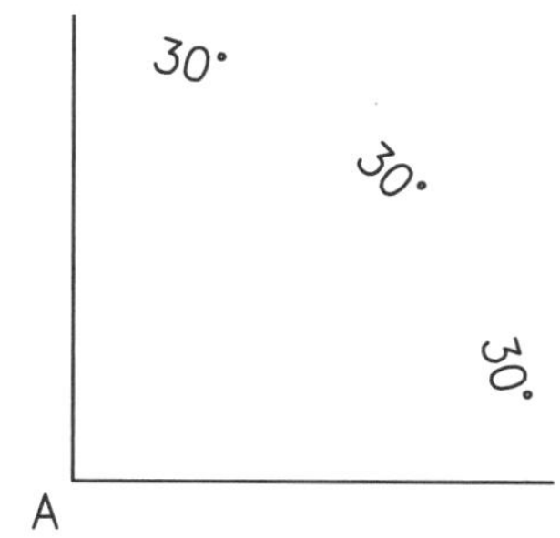

2. Errichten Sie auf einer Geraden im Punkt P die Senkrechte.

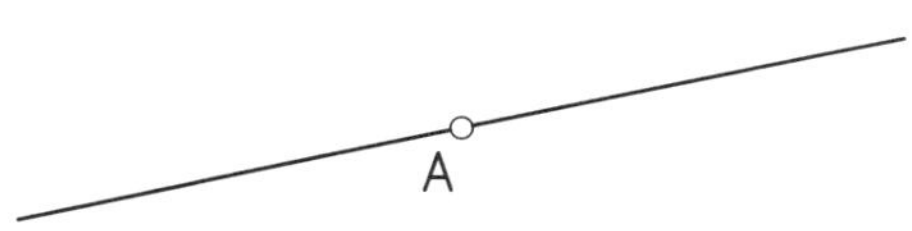

5. Konstruieren Sie die Verbindung durch einen Kreisbogen mit dem Radius $r = 15$.

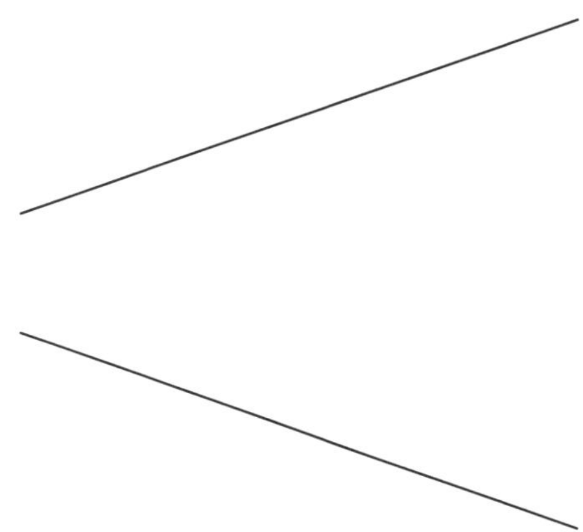

3. Konstruieren Sie in dem vorgegebenen Kreis ein Sechseck.

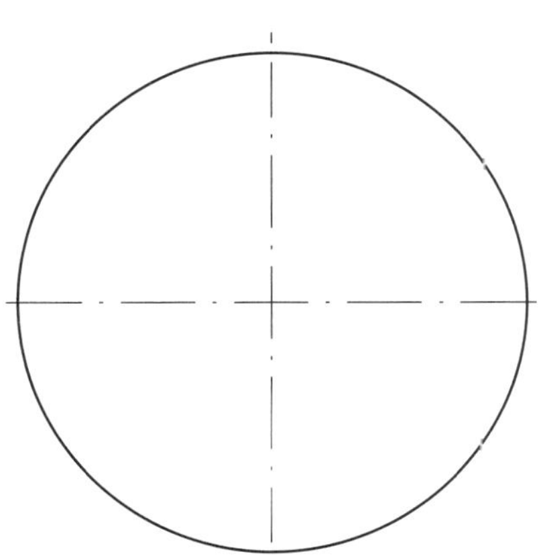

6. Konstruieren Sie den Anschluss durch einen Kreisbogen mit dem Radius $r = 15$.

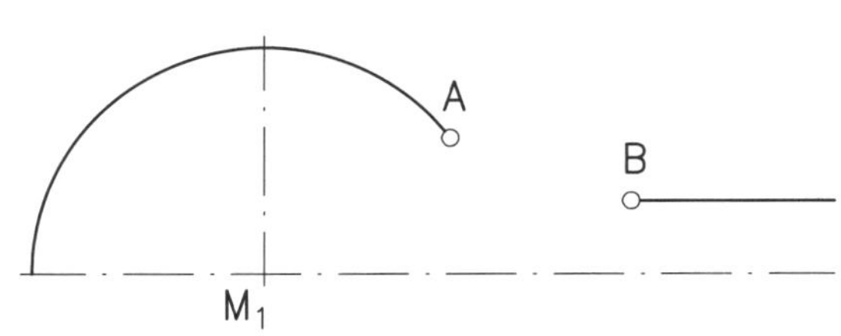

	Geometrische Grundkonstruktionen – Übungen	Name		
		Klasse	Datum	**1.10**

gesucht: Vervollständigen Sie mithilfe der geometrischen Grundkonstruktionen das vorgegebene Werkstück:

a) Konstruieren Sie die senkrechte Symmetrielinie im Mittelpunkt der Strecke $\overline{AB}$.
b) Konstruieren Sie die beiden Übergangsradien (r = 15 mm) im unteren Teil des Werkstücks.
c) Die 6 Bohrungen sind gleichmäßig auf dem Kreisumfang (r = 40 mm) zu verteilen. Konstruieren Sie hierfür in dem vorgegebenen Kreis zunächst ein Sechseck. Dessen Eckpunkte bilden jeweils den Mittelpunkt einer Bohrung.

gegeben: Unvollständige Zeichnung eines Seitenteils.
Werkstoff: 15SMn13

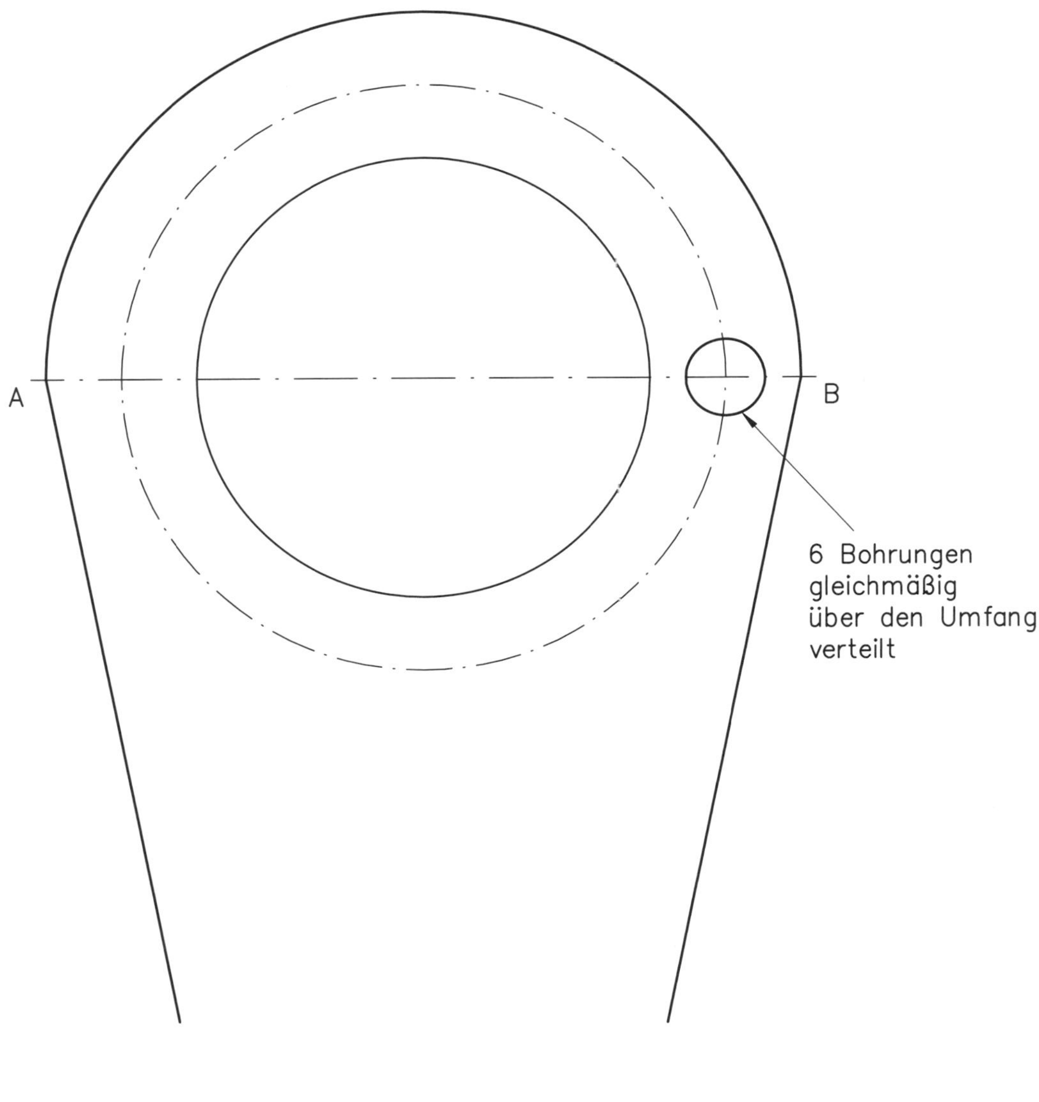

(Verantw. Abt.)	(Technische Referenz)	Erstellt durch	Genehmigt von		
		Dokumentart Einzelteilzeichnung	(Dokumentstatus)		
		Titel Geometrische Grundkonstruktionen – Seitenteil	Sach-/Zeichnungsnummer		
			(Änd.)	Ausgabedatum	(Spr.)	(Blatt) **1.11**

gesucht: Ordnen Sie den in der Zeichnung verwendeten Linienarten jeweils deren Benennung und Linienbreite zu.

gegeben: Technische Zeichnung eines Stufenbolzens, gezeichnet mit der Liniengruppe 0,5.

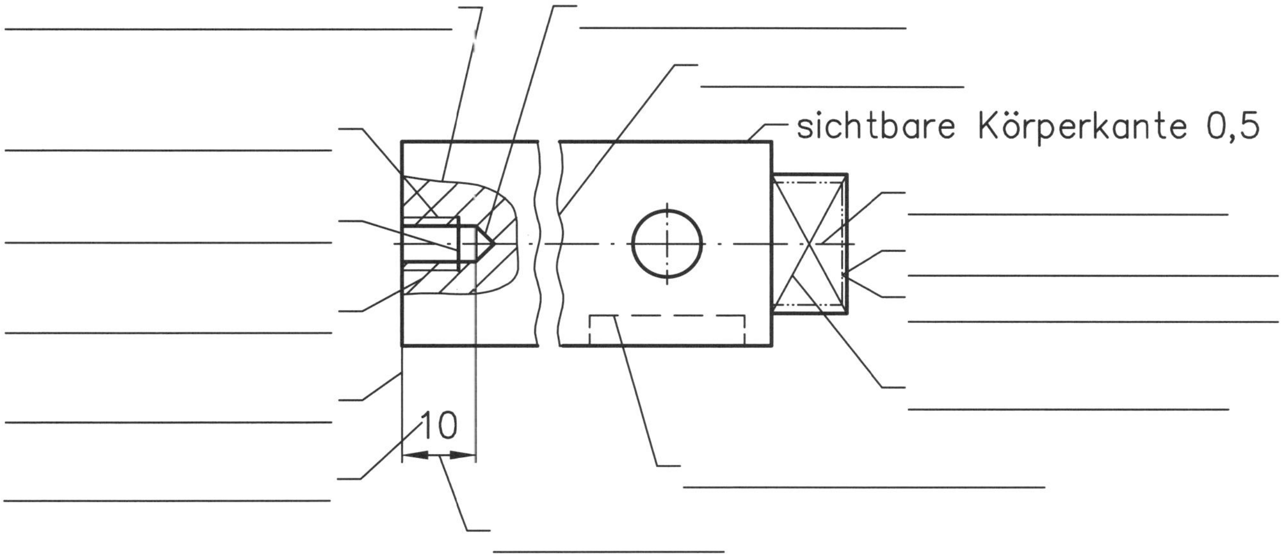

Informationen

In technischen Zeichnungen haben die unterschiedlichen Linienarten jeweils eine bestimmte Bedeutung. Linienbreiten werden aus der Liniengruppe 0,5 oder der Liniengruppe 0,7 abgeleitet. Die in einer technischen Zeichnung verwendete Liniengruppe wird nach der Größe und dem Maßstab der Zeichnung festgelegt. Für das Papierformat A4 wird die Liniengruppe 0,5 bevorzugt.

Kennzahl	Linienarten	Linienarten u. Liniengruppe		Benennung	Anwendungen
		0,5	0,7		
01.1	———————	0,25	0,5	Volllinie, schmal	Maßlinien, Maßhilfslinien, Hinweislinien, Schraffuren, Gewindegrund, Diagonalkreuze
	～～～～～	0,25	0,35	Freihandlinie, schmal	Bruchkanten oder Begrenzungen von Teilschnitten
	—⁄\—⁄\—⁄\—	0,25	0,35	Zickzacklinie, schmal	Bruchkanten in CAD-Zeichnungen
01.2	▬▬▬▬▬▬	0,5	0,7	Volllinie, breit	sichtbare Körperkanten, Grenze der nutzbaren Gewindelänge, Gewindespitzen
02.1	— — — — — — —	0,25	0,35	Strichlinie, schmal	verdeckte Kanten und Umrisse
04.1	—·—·—·—·—	0,25	0,35	Strichpunktlinie, schmal	Mittellinien, Symmetrielinien
04.2	▬·▬·▬·▬·▬	0,5	0,7	Strichpunktlinie, breit	Kennzeichnung von Schnittebenen, begrenzten Bereichen
05.1	—··—··—··—··—	0,25	0,35	Strich-Zweipunkt-Linie, schmal	Umrisse in Rohteilen vor der Fertigbearbeitung, benachbarte Teile
–	10	0,35	0,5	Schriftgröße	Maßzahlen, Oberflächensymbole

DIN ISO 128-24	Linienarten 1	Name		
		Klasse	Datum	1.12

1. Kreuzen Sie jeweils die richtige Antwort an.

a) Hierfür werden breite Volllinien in Zeichnungen verwendet:
- ☐ Darstellung von verdeckten Kanten
- ☐ Darstellung von Bruchlinien
- ☐ Darstellung von Maßlinien
- ☐ Darstellung von sichtbaren Körperkanten
- ☐ Kennzeichnung der Schnittebene

b) Mit dieser Linienart werden verdeckte Kanten gezeichnet:
- ☐ breite Volllinie
- ☐ schmale Strichlinie
- ☐ breite Strichpunktlinie
- ☐ schmale Freihandlinie
- ☐ schmale Volllinie

c) Diese Linienart wird für Mittel- und Symmetrielinien verwendet:
- ☐ schmale Freihandlinie
- ☐ schmale Volllinie
- ☐ schmale Strichpunktlinie
- ☐ breite Strichpunktlinie
- ☐ schmale Strichlinie

d) Mit dieser Linienart werden Schnittflächen schraffiert:
- ☐ schmale Strichlinie
- ☐ breite Strichpunktlinie
- ☐ schmale Strichpunktlinie
- ☐ schmale Volllinie
- ☐ breite Volllinie

2. Kreuzen Sie jeweils die zur Zeichnung passende Antwort an.

a) Zeichnung eines Stufenbolzen mit der Liniengruppe 0,5

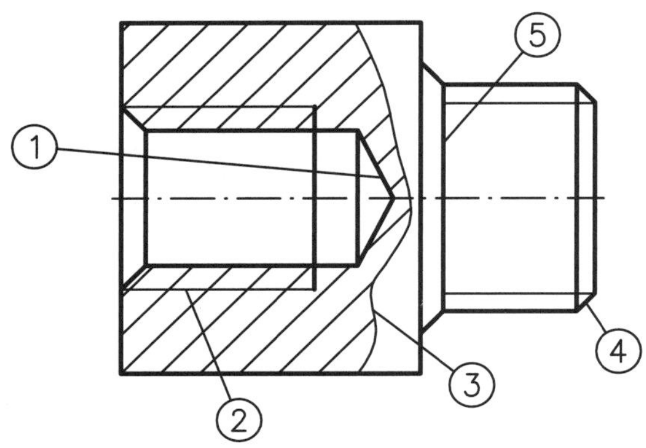

① Die Kernlochspitze müsste mit einer schmalen Volllinie der Linienbreite 0,25 gezeichnet werden.

② Der Gewindegrund müsste mit einer breiten Strichlinie der Linienbreite 0,35 gezeichnet werden.

③ Die Begrenzung von Teilschnitten müsste mit einer schmalen Volllinie der Linienbreite 0,25 gezeichnet werden.

④ Die Fase an der linken Stirnfläche müsste mit einer schmalen Volllinie der Linienbreite 0,25 gezeichnet werden.

⑤ Die Begrenzung der nutzbaren Gewindelänge müsste mit einer breiten Volllinie der Linienbreite 0,5 gezeichnet werden.

b) Zeichnung einer Bohrplatte mit der Liniengruppe 0,7

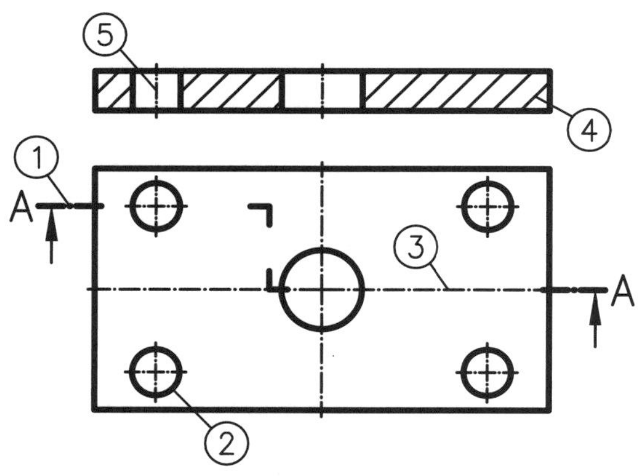

① Der Verlauf der Schnittebene müsste mit einer breiten Strichpunktlinie der Linienbreite 0,7 gezeichnet werden.

② Die Kanten von Bohrungen müssten mit einer schmalen Volllinie der Linienbreite 0,35 gezeichnet werden.

③ Die Symmetrielinie müsste mit einer schmalen Strich Zweipunkt-Linie der Linienbreite 0,25 gezeichnet werden.

④ Die Schraffuren müssten mit einer schmalen Freihandlinie der Linienbreite 0,25 gezeichnet werden.

⑤ Die Mittellinien der Bohrungen müssten mit einer schmalen Strichpunktlinie der Linienbreite 0,25 gezeichnet werden.

DIN ISO 128-24	Linienarten 2	Name		
		Klasse	Datum	**1.13**

1. a) Ordnen Sie der Abbildung die Begriffe Maßhilfslinie, Maßlinie, Maßpfeil und Maßzahl zu.
   b) Tragen Sie die Zeichnungsmaße des Maßpfeils für die Liniengruppe 0,5 ein.

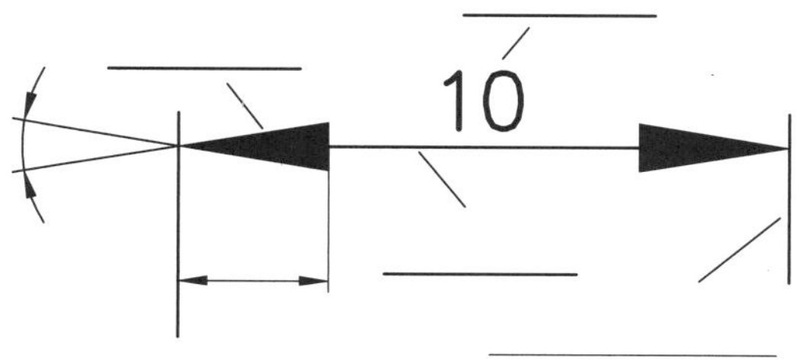

3. Durch die beiden Ausklinkungen entsteht ein Steg. Bemaßen Sie die Stegbreite und den Abstand des Stegs ausgehend von der linken Werkstückseite.

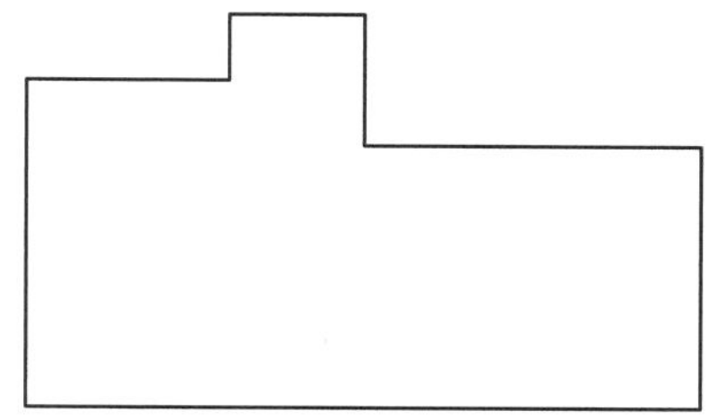

2. Bemaßen Sie das Blech mit den Grundmaßen Länge l = 50 mm, Höhe h = 30 mm und Dicke t = 2 mm normgerecht.

4. Bemaßen Sie die Form der beiden Ausklinkungen im Blech sowie die übrigen Werkstückkonturen vollständig und übersichtlich.

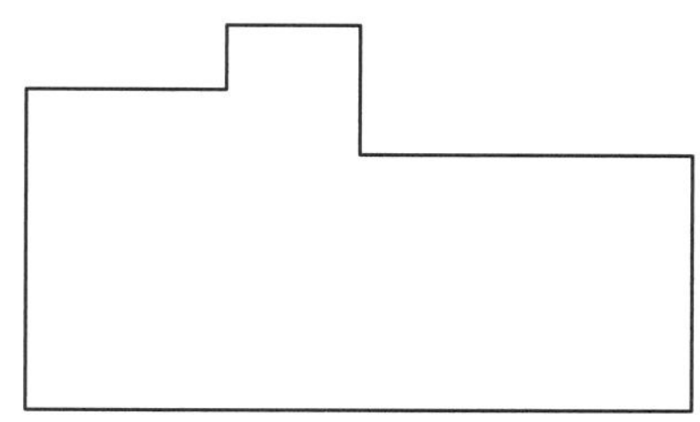

Informationen

1. **Maßzahlen** stehen über der Maßlinie. Bei Längenmaßen wird die bevorzugte Einheit Millimeter (mm) weggelassen. Alle anderen Einheiten sind dagegen hinter die Maßzahl einzutragen. **Maßhilfslinien** ragen ca. 2 mm über die Maßlinie hinaus. **Maßpfeile** haben folgende Abmessungen:
   – Öffnungswinkel: $\alpha \approx 15°$
   – Pfeillänge: $l \approx 10 \cdot d$
   (d ≙ Linienbreite der schmalen Volllinie).

2. Alle Maße sind so einzutragen, dass sie von unten und von rechts lesbar sind. **Maßlinien** liegen bei kleinen Werkstücken außerhalb der Werkstückkontur. Der Abstand der Maßlinie von der Werkstückkontur beträgt 10 mm. Die **Maßhilfslinien** dienen zum Herausziehen der Maßlinien. Bei flachen Werkstücken wird die Dicke mit dem Buchstaben „t“ in der Zeichnung angegeben (z. B. bei einer Blechdicke von 2 mm: t = 2).

3. **Lagemaße** legen die Position von Werkstückkonturen fest (z. B. Lage eines Stegs, eines Durchbruchs, einer Bohrung, einer Nut).
   Bilden mehrere Maße eine Maßkette, werden deren Maßlinien nebeneinander in gleichem Abstand zur Werkstückkontur gezeichnet. Eine Überbemaßung, das heißt Mehrfachbemaßung von Werkstückkonturen, ist zu vermeiden.

4. **Formmaße** geben Abmessungen bestimmter Werkstückkonturen an (z. B. Aussparung, Ausklinkung, Absätze, Durchbruch, Nut).
   Maßhilfslinien können sich untereinander oder mit anderen Linien schneiden. Maßlinien sollen sich dagegen nicht untereinander und auch nicht mit anderen Linien schneiden. Der Abstand von übereinander angeordneten Maßlinien beträgt ca. 7 mm.

DIN 406-11	Bemaßung flacher Werkstücke 1	Name		
		Klasse	Datum	2.1

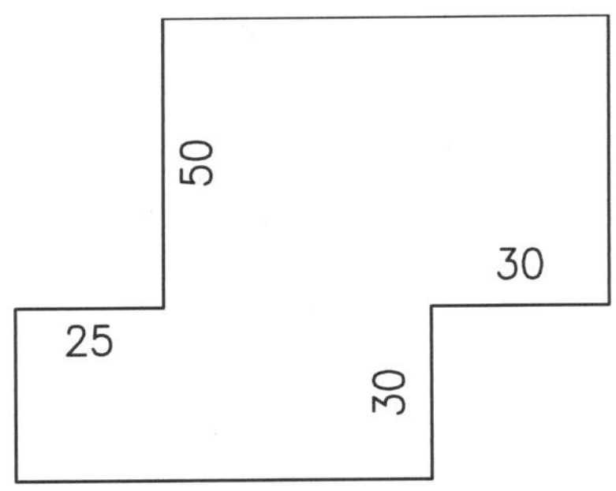

gesucht: Darstellung im Maßstab 1:1
mit normgerechter Bemaßung

gegeben: Deckblech mit den Grundmaßen:
100 × 80 × 3
Werkstoff: S235 JR

(Verantw. Abt.)	(Technische Referenz)	Erstellt durch	Genehmigt von	
	Dokumentart Zeichnung	(Dokumentstatus)		
	Titel Darstellung und Bemaßung flacher Werkstücke – Deckblech	Sach-/Zeichnungsnummer		
		(Änd.)	Ausgabedatum	(Spr.)	(Blatt) **2.2**

1. **Tragen Sie das Maß 15 ein.**

4. **Tragen Sie das Maß 2 ein.**

2. **Tragen Sie das Maß 10 ein.**

5. **Tragen Sie das Maß 1,8 ein.**

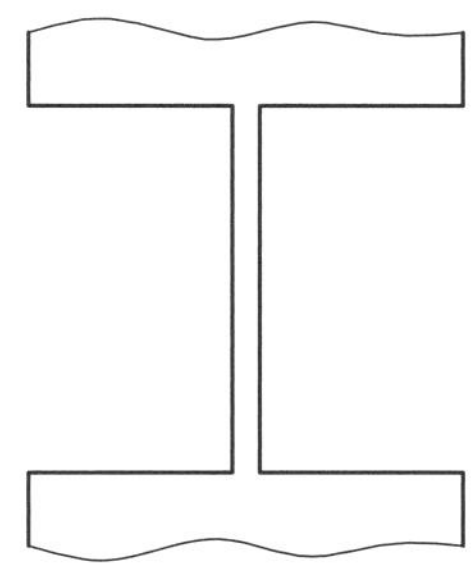

3. **Tragen Sie das Maß 12 ein.**

6. **Tragen Sie die Maße 7 und 5 ein.**

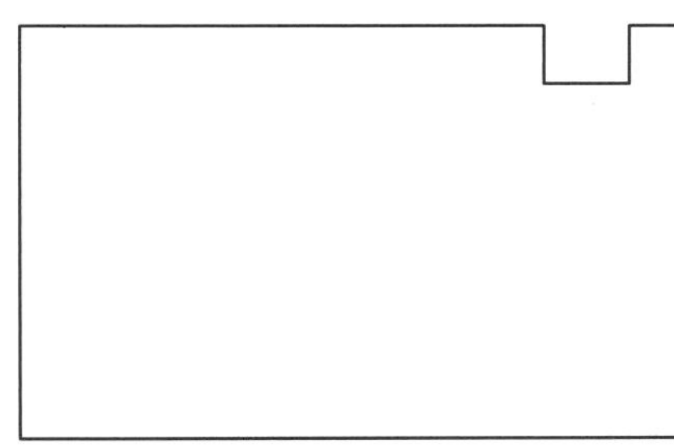

Informationen

1. Maßlinien werden in der Regel zwischen Maßhilfslinien gezeichnet.
2. Bei Platzmangel dürfen die Maßpfeile von außen angesetzt werden.
3. Bei Platzmangel dürfen Maße zwischen Körperkanten stehen.
4. Bei Platzmangel darf die Maßzahl über dem rechten Maßpfeil eingetragen werden.
5. Bei Platzmangel dürfen die Maßlinien an Körperkanten stehen.
6. Bei Platzmangel dürfen Maßlinien in Maßketten durch Punkte begrenzt werden.

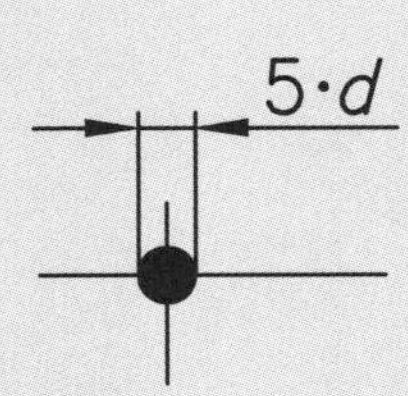

(*d* ≙ Linienbreite der schmalen Vollinien)

Bei Verwendung der Liniengruppe 0,5 hat der Punkt einen Durchmesser von ca. 1,25 mm.

DIN 406-11	Bemaßung flacher Werkstücke 2	Name		
		Klasse	Datum	**2.3**

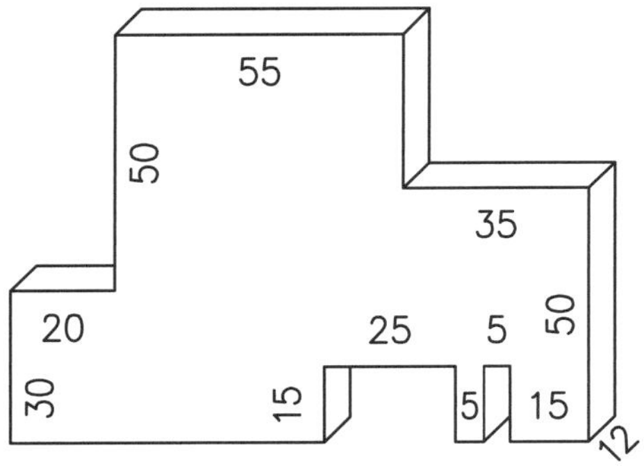

gesucht: Darstellung im Maßstab 1:1
mit normgerechter Bemaßung

gegeben: Führungsblech im Raumbild
mit den Grundmaßen: 110 × 80 × 12
Werkstoff: S235 JR

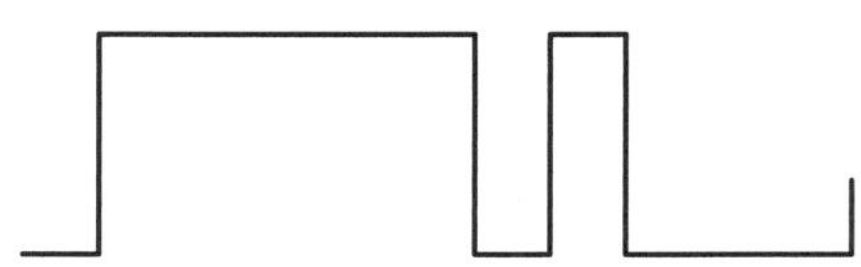

(Verantw. Abt.)	(Technische Referenz)	Erstellt durch	Genehmigt von	
		Dokumentart Zeichnung	(Dokumentstatus)	
		Titel Darstellung und Bemaßung flacher Werkstücke – Führungsblech	Sach-/Zeichnungsnummer	
			(Änd.) Ausgabedatum (Spr.)	(Blatt) 2.4

1. **Zeichnen Sie die Mittellinie ein.**

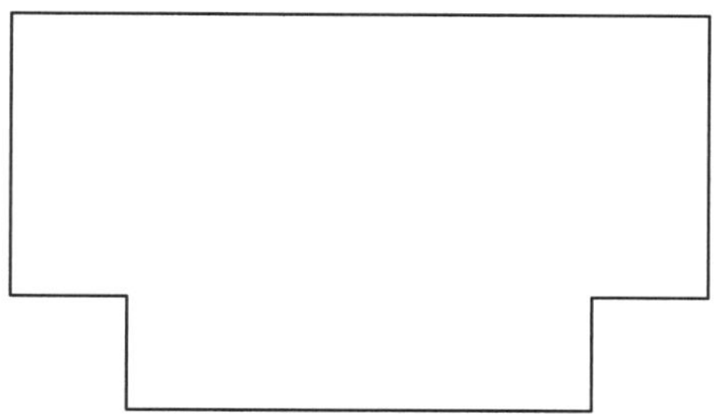

4. **Tragen Sie die Längenmaße ein.**

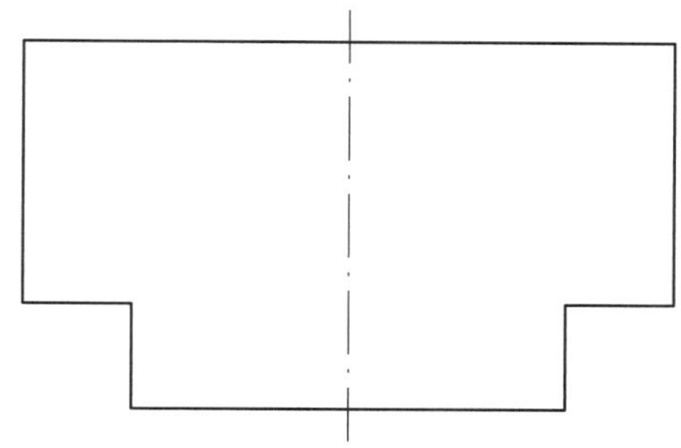

2. **Zeichnen Sie die Symmetrieachsen ein.**

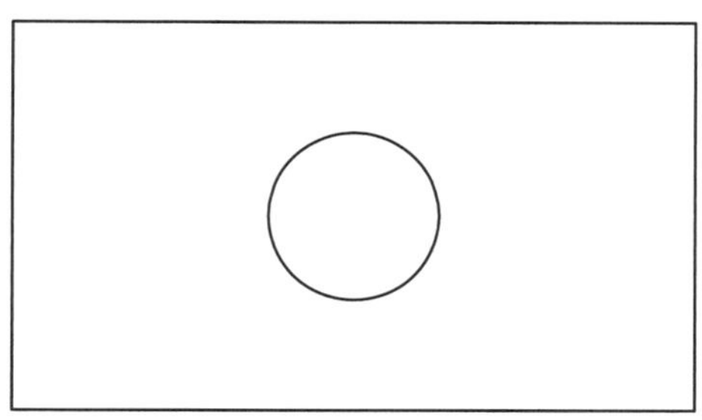

5. **Tragen Sie das fehlende Längenmaß ein.**

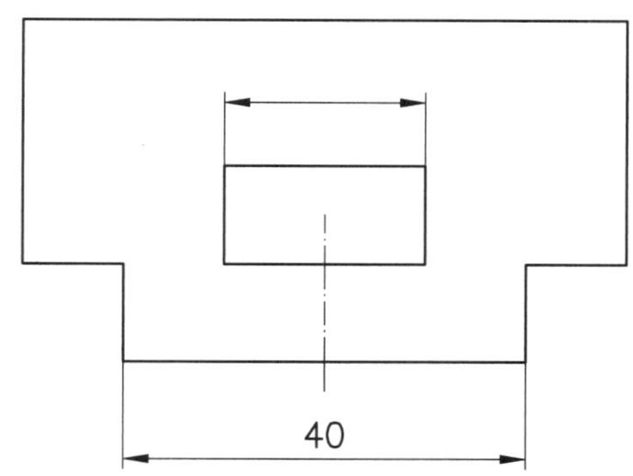

3. **Ergänzen Sie die Darstellung der Bohrung normgerecht.**

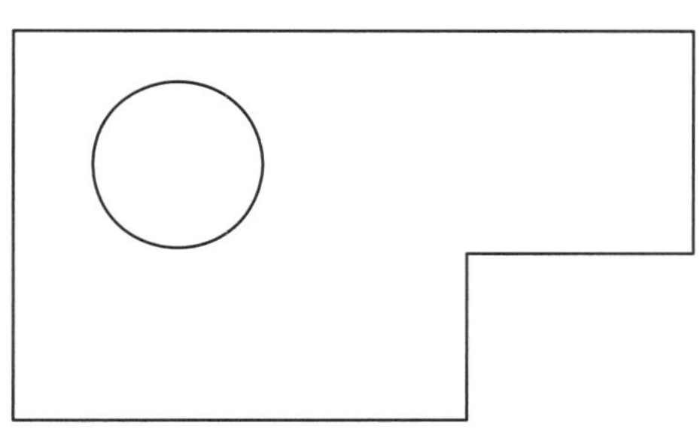

6. **Bemaßen Sie den Bohrungsabstand zur oberen Begrenzung.**

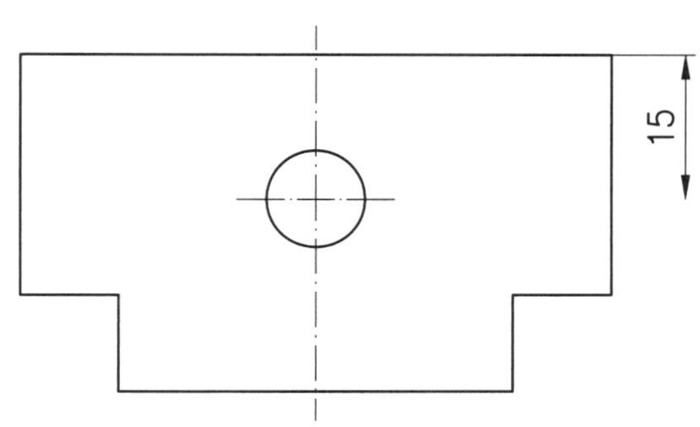

Informationen

1. Symmetrische Teile erhalten eine Mittellinie, die etwa 3 mm über die Körperkanten hinausgeht.
2. Mittellinien kreuzen sich stets im Bereich der Striche.
3. Mittellinien sind nur auf symmetrische Formteile zu beschränken.
4. Bei symmetrischen Werkstücken wird die Lage der Symmetrieachse nicht bemaßt.
5. Mittellinien dürfen für die Bemaßung unterbrochen werden.
6. Mittellinien als Maßhilfslinien sind außerhalb der Körperkanten als schmale Volllinien auszuziehen.

DIN 406-11	Bemaßung symmetrischer Werkstücke	Name		
		Klasse	Datum	2.5

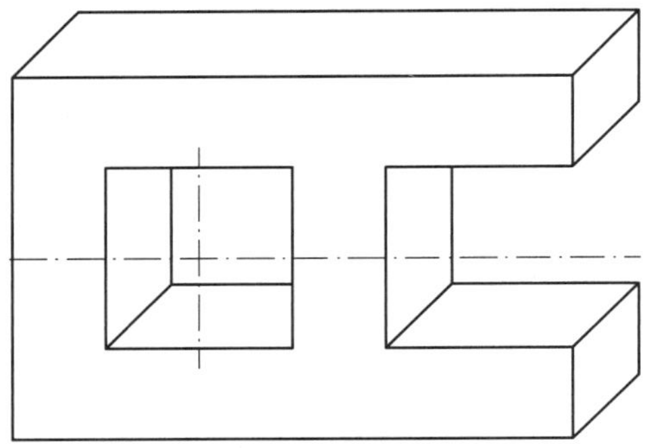

gesucht: Darstellung im Maßstab 1:1
mit normgerechter Bemaßung

gegeben: Zwischenstück im Raumbild
mit den Grundmaßen: 120 × 80 × 12
Aussparung: 40 × 40
Durchbruch: 40 × 40
Abstand der waagerechten Mittellinie von der unteren Werkstückkante: 40 mm
Abstand der senkrechten Mittellinie von der linken Werkstückkante: 40 mm
Werkstoff: S235 JR

(Verantw. Abt.)	(Technische Referenz)	Erstellt durch	Genehmigt von	
		Dokumentart Zeichnung	(Dokumentstatus)	
		Titel Darstellung und Bemaßung symmetrischer Werkstücke – Zwischenstück	Sach-/Zeichnungsnummer	
			(Änd.) Ausgabedatum (Spr.)	(Blatt) 2.6

gesucht: normgerechte Bemaßung
gegeben: Stützblech mit den Grundmaßen: 100 × 55 × 4
Die Maße sind dem Umriss (Maßstab 1:1) zu entnehmen
Werkstoff: Al 99,5

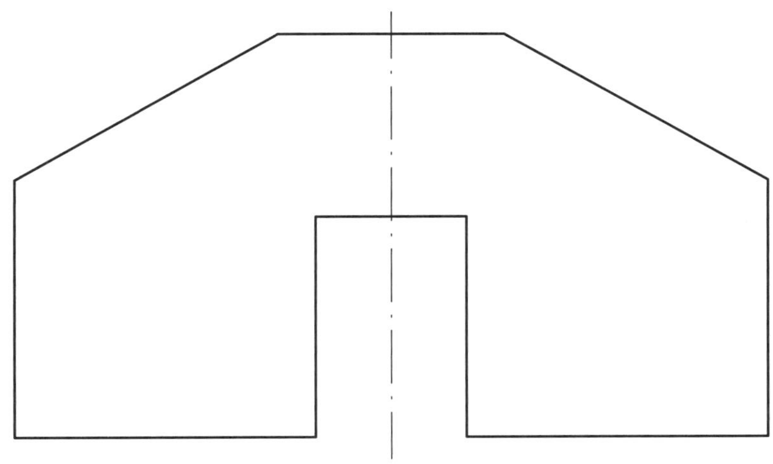

Informationen

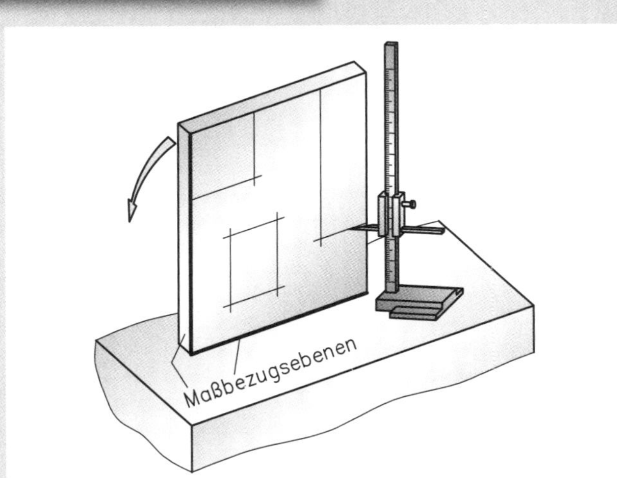

Fertigungsbezogene Bemaßung

Einzelteilzeichnungen sind in der Regel Fertigungszeichnungen, die eine fertigungsbezogene Bemaßung der Werkstücke erfordern. Bei der fertigungsbezogenen Bemaßung können alle für die Fertigung eines Werkstücks notwendigen Maße ohne Umrechnen aus der Zeichnung entnommen werden.

Die Eintragung aller Maße erfolgt bevorzugt von ein oder zwei Maßbezugsebenen aus, damit sich Fertigungstoleranzen nicht addieren. Im nebenstehenden Beispiel sind die untere und die linke Maßbezugsebene gleichzeitig die Auflagefläche für das Anreißen.

(Verantw. Abt.)	(Technische Referenz)	Erstellt durch	Genehmigt von	
	Dokumentart Zeichnung	(Dokumentstatus)		
	Titel Fertigungsbezogene Bemaßung – Stützblech	Sach-/Zeichnungsnummer		
		(Änd.)	Ausgabedatum	(Spr.) (Blatt) **2.7**

gesucht: normgerechte Bemaßung. Die Maße sind dem Umriss zu entnehmen.
gegeben: Deckplatte mit den Grundmaßen: 120 × 40 × 3
Maßbezugsebenen links und unten
Werkstoff: S235 JR

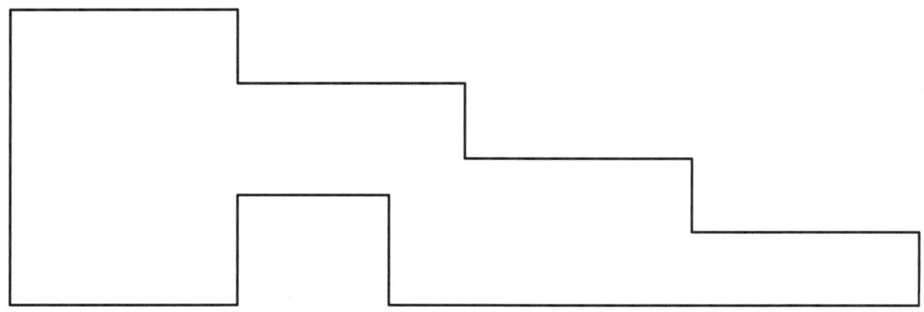

gesucht: normgerechte Bemaßung. Die Maße sind dem Umriss (Maßstab 1:1) zu entnehmen.
gegeben: Deckplatte mit den Grundmaßen: 80 × 50 × 5
Maßbezugsebenen rechts und oben
Werkstoff: S235 JR

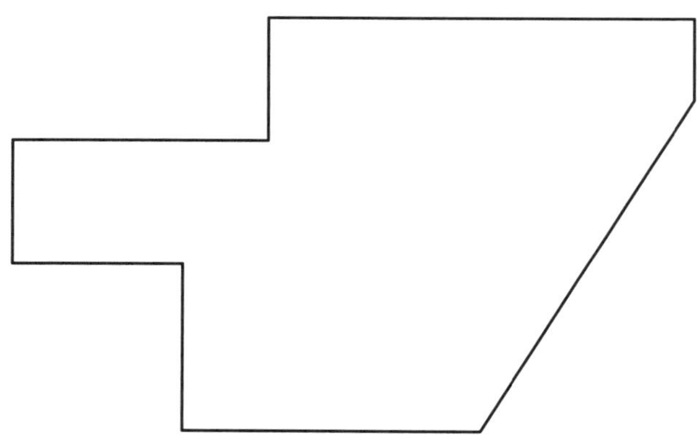

(Verantw. Abt.)	(Technische Referenz)	Erstellt durch	Genehmigt von	
		Dokumentart Zeichnung	(Dokumentstatus)	
		Titel Fertigungsbezogene Bemaßung – Deckplatten	Sach-/Zeichnungsnummer	
			(Änd.) Ausgabedatum (Spr.)	(Blatt) 2.8

1. **Raumecke: Ordnen Sie die fettgedruckten Begriffe des unten stehenden Textes den Ansichten zu.**

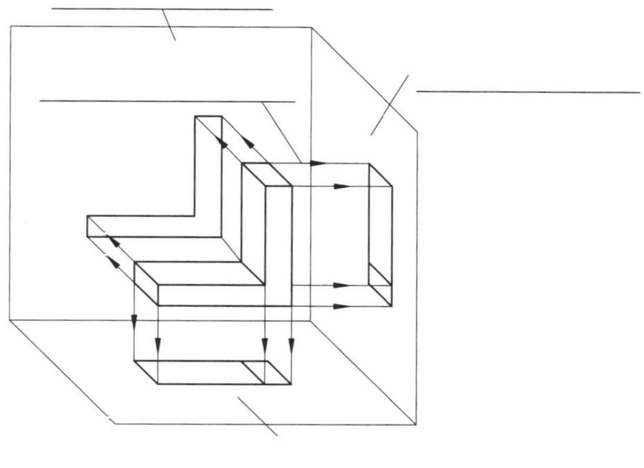

2. **Kipp- und Drehmethode: Ordnen Sie die fettgedruckten Begriffe des unten stehenden Textes den Ansichten zu.**

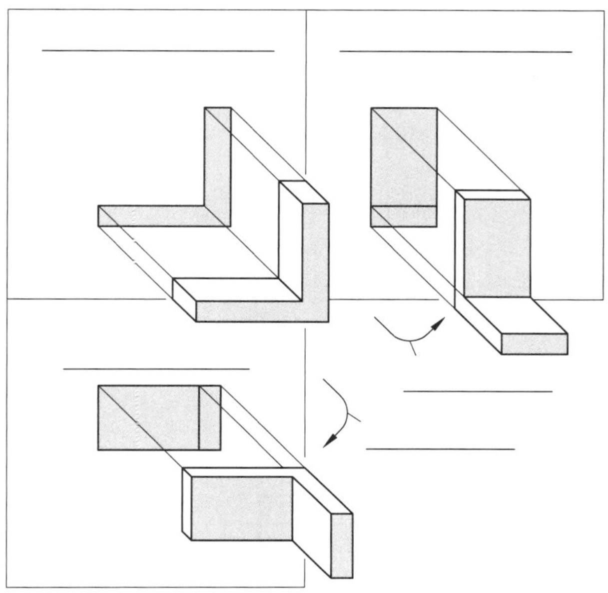

Informationen

1. Raumecke
   - Die Normalprojektion, auch Drei-Tafel-Projektion genannt, ist ein Verfahren der darstellenden Geometrie, um ein räumlich dargestelltes Werkstück in verschiedenen ebenen Ansichten darzustellen.
   - Die **Projektionsstrahlen** treffen rechtwinklig auf die Projektionsebenen.
   - Die Projektionsstrahlen sind zueinander parallel.
   - Die Projektionsstrahlen erzeugen auf den Projektionsebenen drei Ansichten: **Vorderansicht, Seitenansicht** und **Draufsicht.**

2. Kipp- und Drehmethode
   - Zum Erkennen fehlender Ansichten bzw. zum vollständigen Bemaßen kann die **Vorderansicht** eines Werkstücks gekippt bzw. gedreht werden.
   - Durch das **Kippen** eines Werkstücks um 90° nach unten entsteht die **Draufsicht.**
   - Durch das **Drehen** eines Werkstücks um 90° nach rechts entsteht die **Seitenansicht.**

DIN ISO 5456-2 DIN ISO 128-30	Senkrechte Normalprojektion (Drei-Tafel-Projektion)	Name		
		Klasse	Datum	3.1

1. Projektionsmethode 1: Ordnen Sie die fettgedruckten Begriffe des unten stehenden Textes den Ansichten zu.

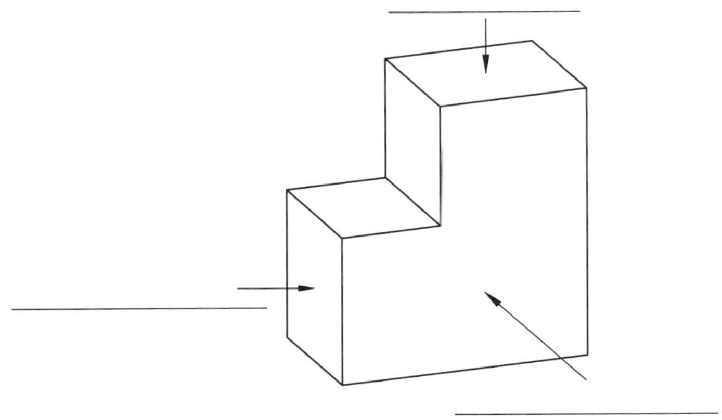

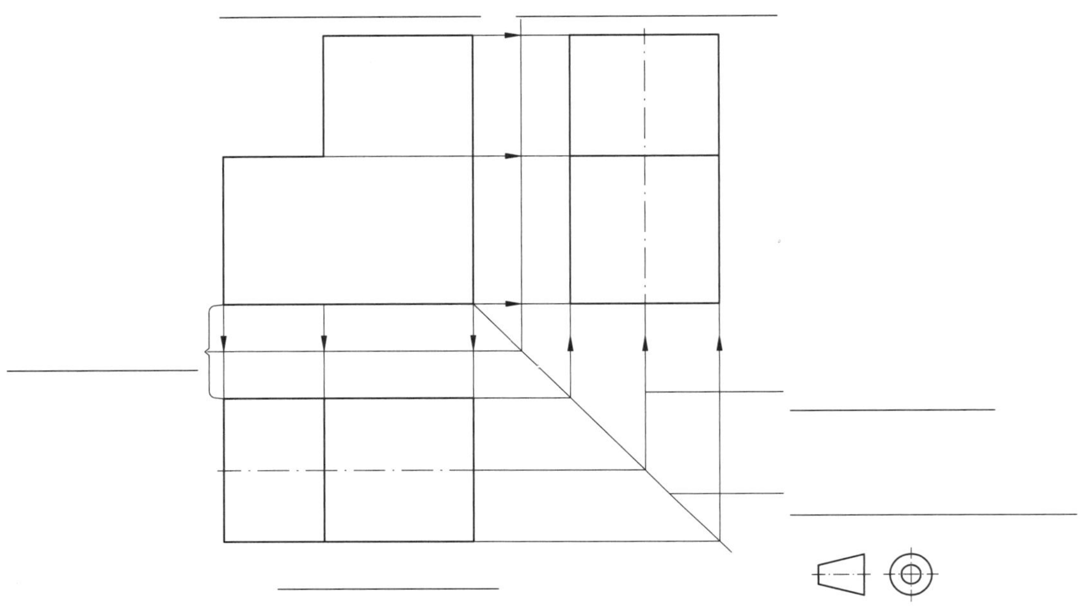

Informationen

1. Projektionsmethode 1
   - Zum Erkennen eines Werkstücks betrachtet man: **Vorderansicht** von vorn, **Draufsicht** von oben und **Seitenansicht** von links.
   - Die **Vorderansicht** enthält die meisten Informationen über das darzustellende Werkstück.
   - Die **Draufsicht** steht senkrecht unter der Vorderansicht.
   - Die **Seitenansicht** von links steht rechts auf gleicher Höhe neben der Vorderansicht.
   - Die Körperkanten einer fehlenden Ansicht können durch **Hilfslinien** übertragen werden.
   - Die Hilfslinien für die fehlende Ansicht werden an einer **45°-Diagonalen** umgelenkt.
   - Die **Abstände** der Ansichten zueinander sollten immer gleich gewählt werden.

2. Sinnbild der Projektionsmethode 1
   Die Verwendung der Projektionsmethode 1 ist durch die Eintragung des genormten Symbols im Schriftfeld der Zeichnung anzugeben.

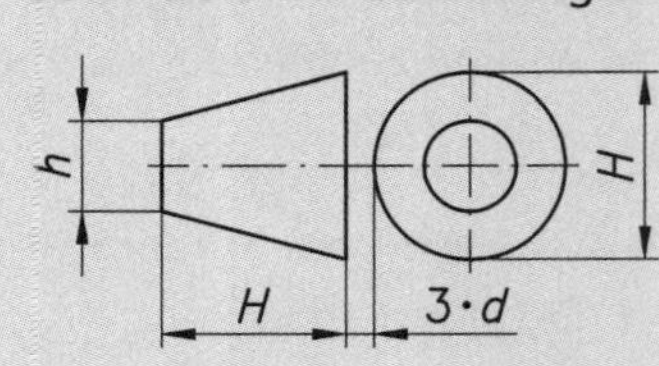

h Schrifthöhe in mm
H $2 \cdot h$
d $0{,}1 \cdot h$

DIN ISO 128-30	Projektionsmethode 1	Name		
		Klasse	Datum	**3.2**

gesucht: Zeichnen Sie jeweils Vorderansicht, Draufsicht und Seitenansicht der Werkstücke.
gegeben: Werkstücke in perspektivischer Darstellung (Maßstab 1:1)

1.

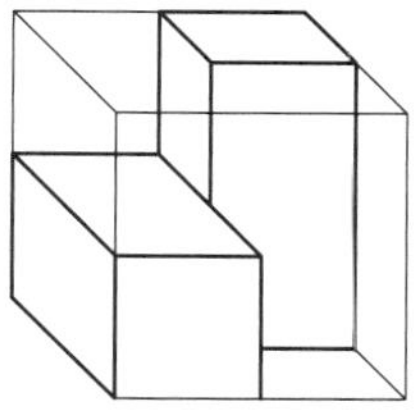

4.

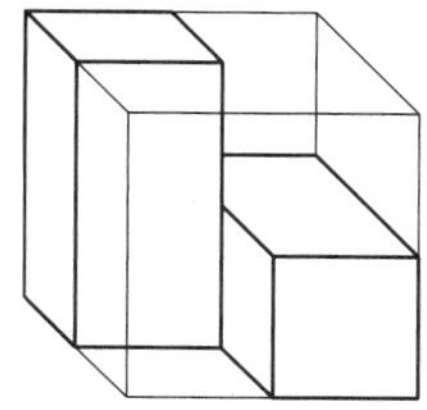

2.

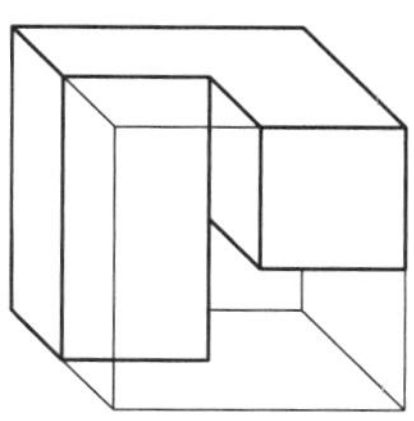

5.

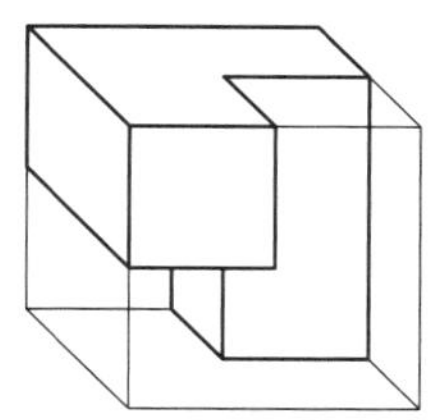

3.

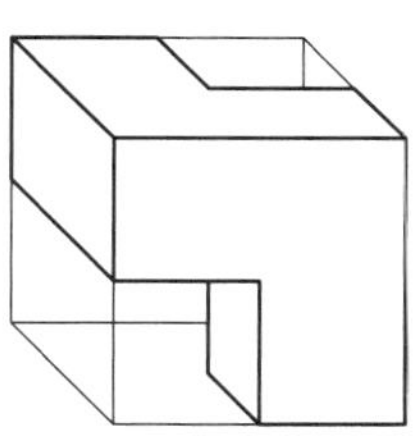

6.

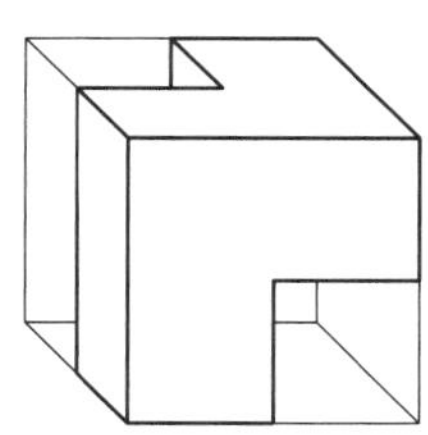

DIN ISO 128-30	Räumliches Vorstellungsvermögen 1	Name		
		Klasse	Datum	**3.3**

gesucht: Zeichnen Sie jeweils Vorderansicht, Draufsicht und Seitenansicht der Werkstücke.
gegeben: Werkstücke in perspektivischer Darstellung (Maßstab 1:1)

1.

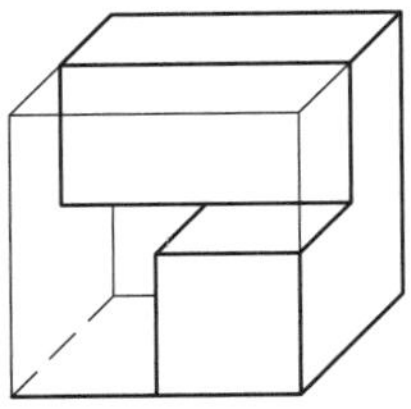

4.

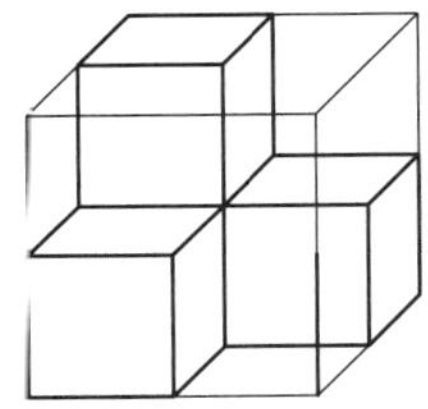

2.

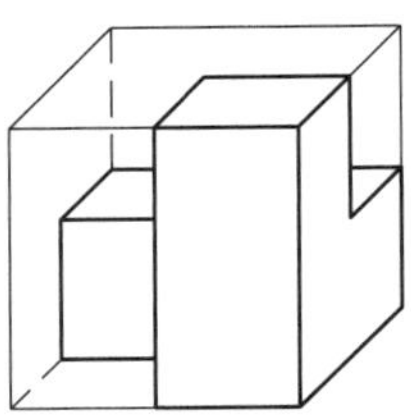

5.

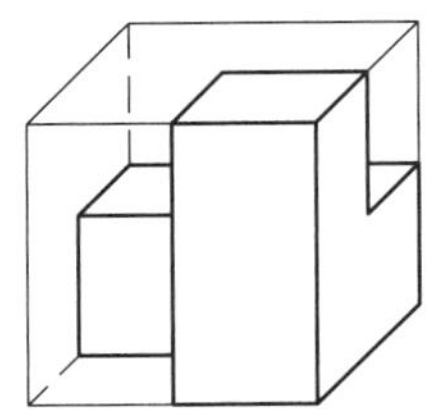

3.

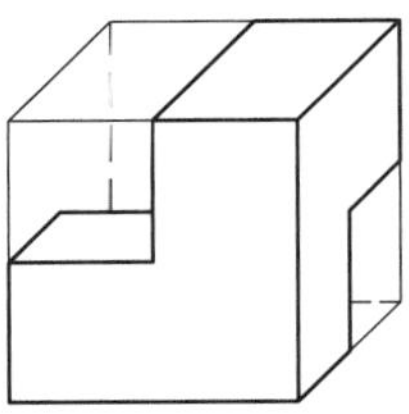

6.

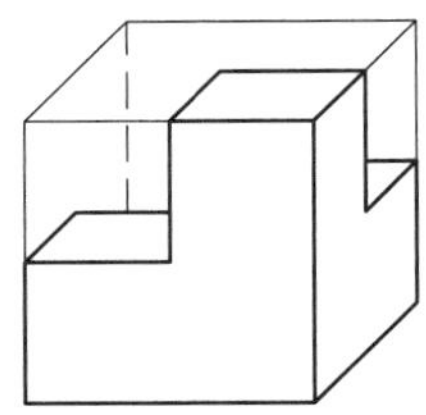

DIN ISO 128-30	Räumliches Vorstellungsvermögen 2	Name		
		Klasse	Datum	**3.4**

1. Ergänzen Sie die fehlende Körperkante.

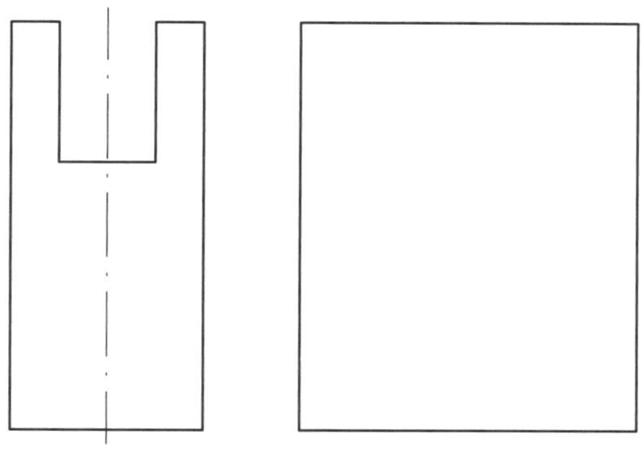

4. Tragen Sie das Tiefenmaß 10 ein.

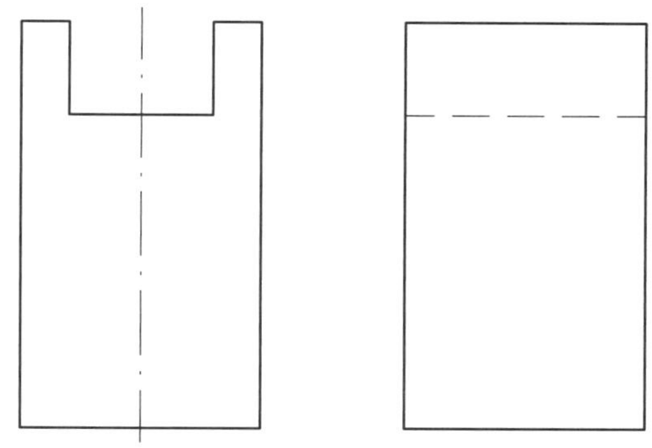

2. Ergänzen Sie die fehlenden Körperkanten.

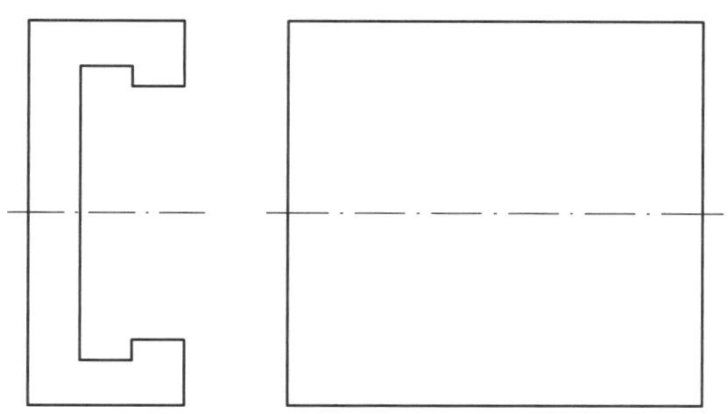

5. Ergänzen Sie die fehlende Linie.

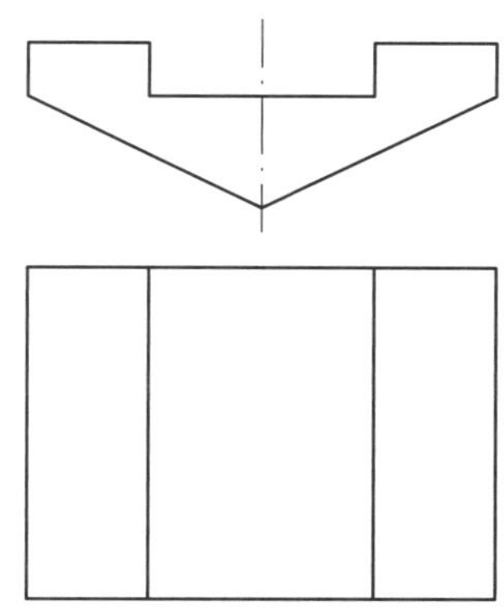

3. Ergänzen Sie die fehlenden Körperkanten.

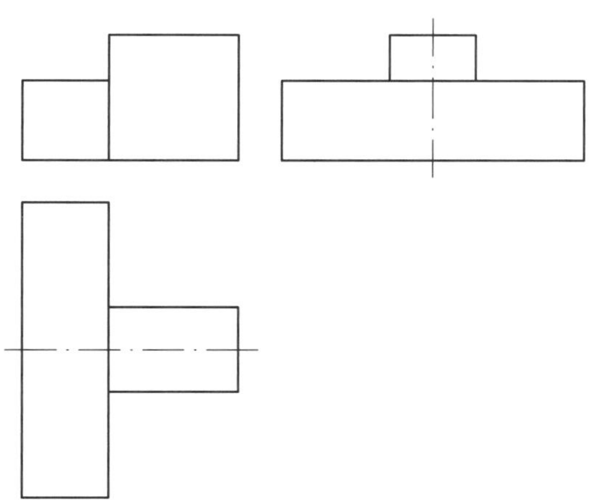

6. Ergänzen Sie die fehlende Körperkante.

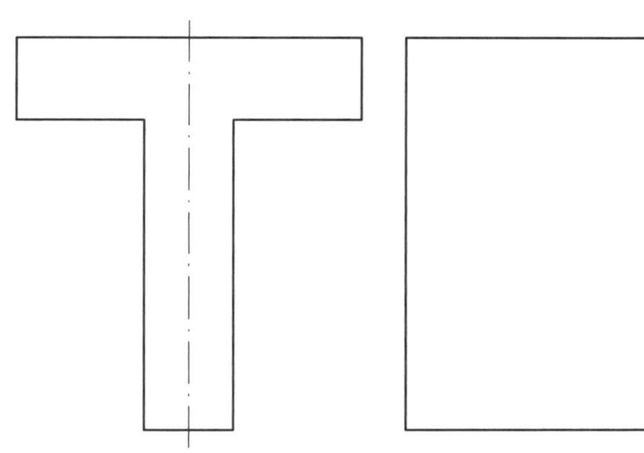

Informationen

1. Strichlinien beginnen und enden an den Körperkanten ohne Lücke.
2. Strichlinien mit geringem parallelem Abstand sind vesetzt zu zeichnen.
3. Strichlinien in Verlängerung sichtbarer Kanten beginnen und enden vorteilhafter mit Lücke.
4. Die Bemaßung an sichtbaren Kanten ist vorrangig. An Strichlinien ist nur dann zu bemaßen, wenn es anderweitig nicht möglich ist.
5. Strichlinien sind den Mittellinien vorrangig.
6 Breite Volllinien sind den Strichlinien vorrangig.

DIN ISO 128-30	Verdeckte Körperkanten 1	Name		
		Klasse	Datum	**3.5**

1. gesucht: Zeichnen Sie die Draufsicht des Werkstücks.
gegeben: Vorderansicht und Seitenansicht von links (Maßstab 1:1)

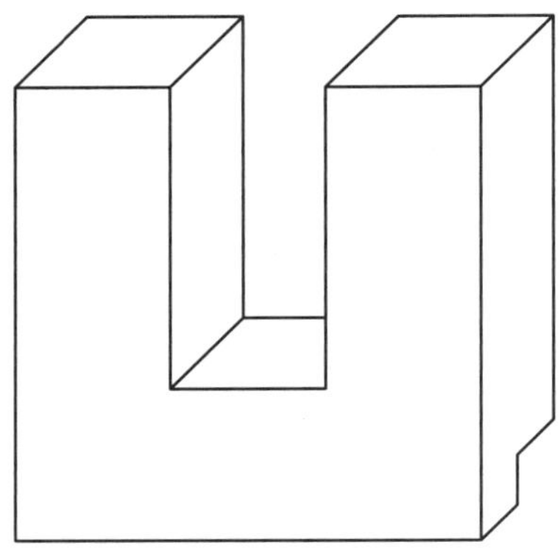

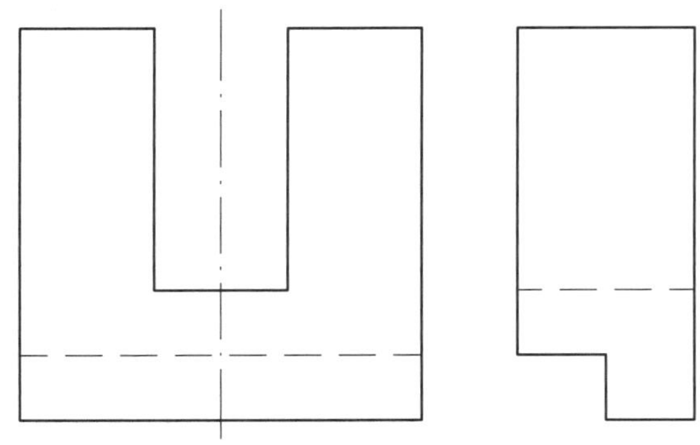

2. gesucht Zeichnen Sie die Seitenansicht von links des Werkstücks.
gegeben: Vorderansicht und Draufsicht (Maßstab 1:1)

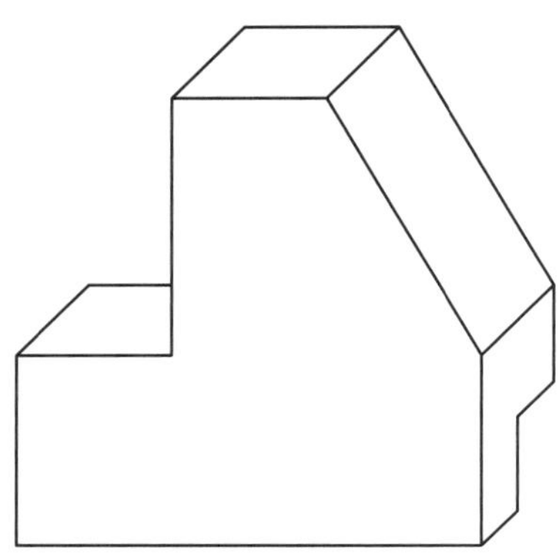

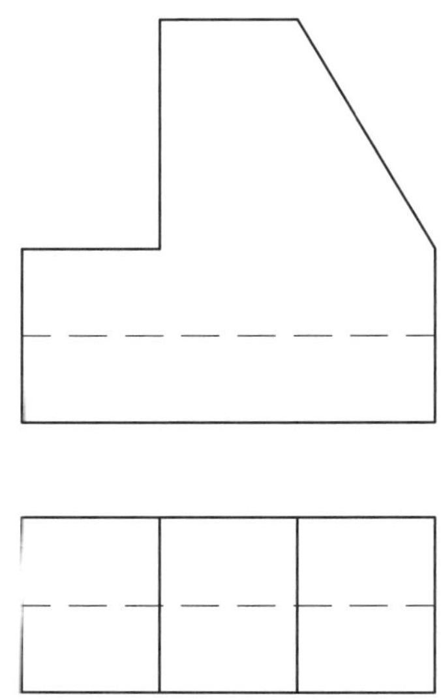

3. gesucht: Zeichnen Sie die Vorderansicht des Werkstücks.
gegeben: Draufsicht und Seitenansicht von links (Maßstab 1:1)

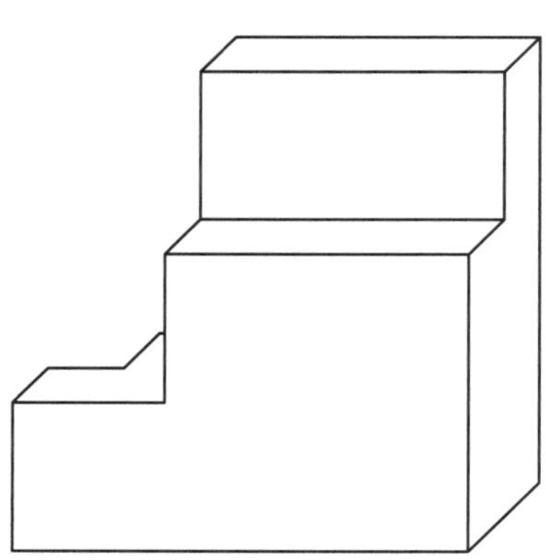

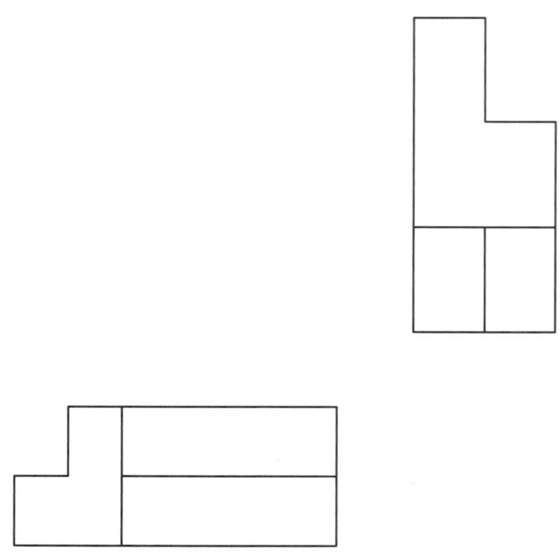

DIN ISO 128-30	Verdeckte Körperkanten 2	Name		
		Klasse	Datum	3.6

Ergänzen Sie jeweils die fehlende Ansicht.

1.

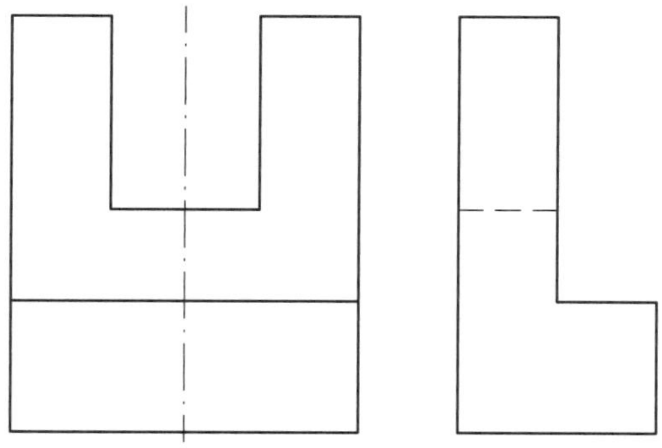

4.

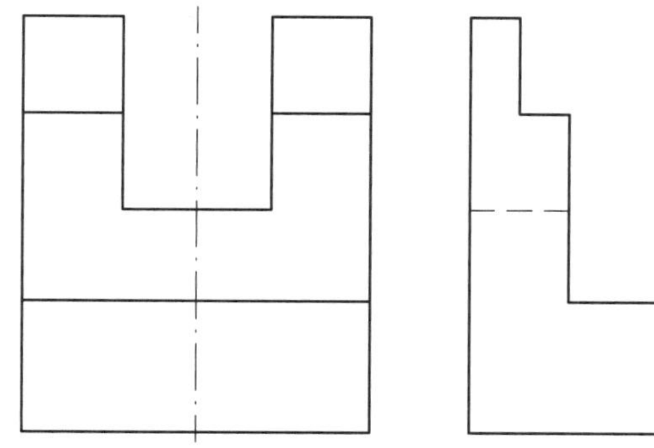

2.

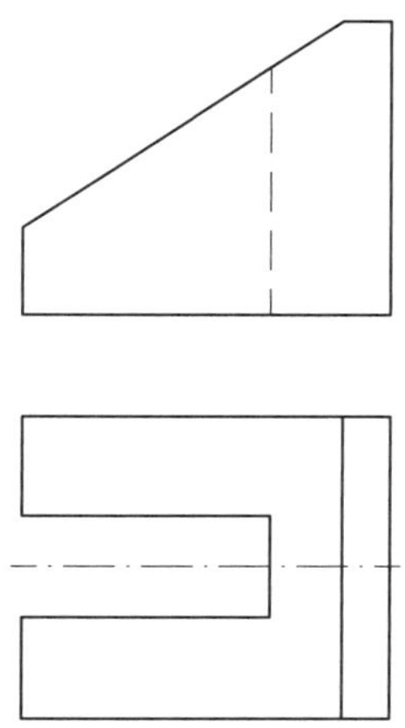

5.

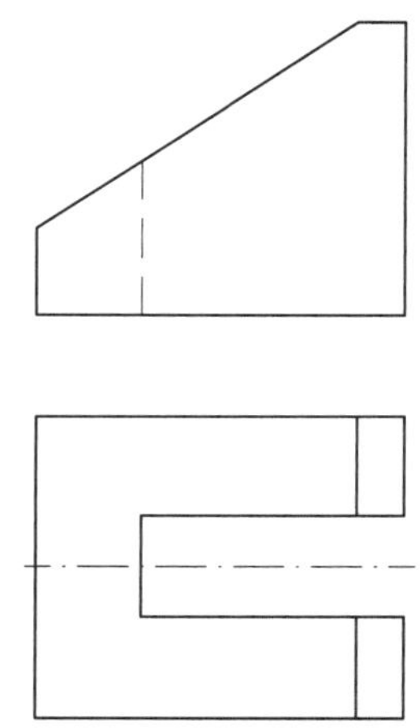

3.

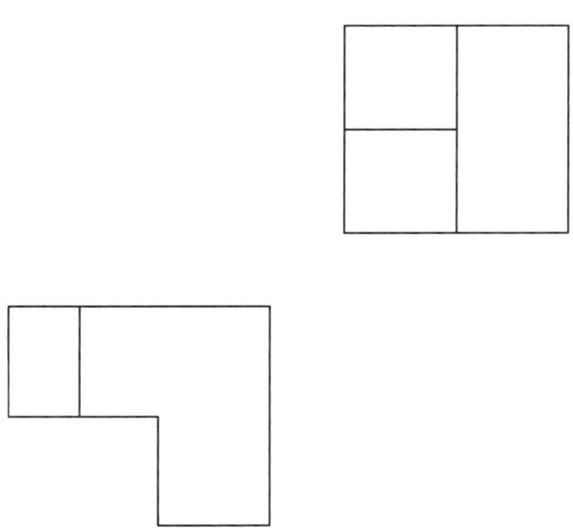

6.

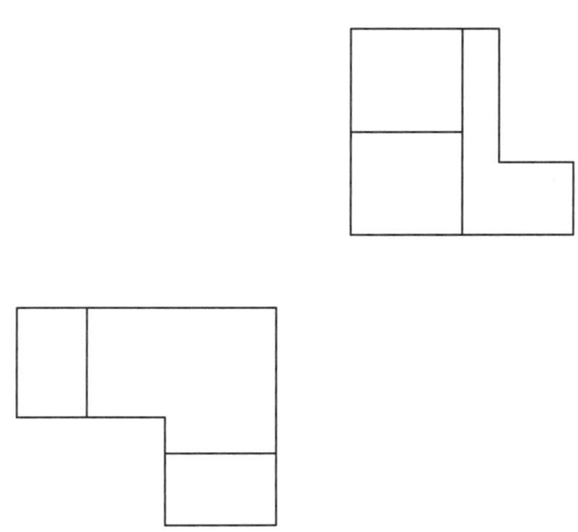

DIN ISO 128-30	Verdeckte Körperkanten 3	Name		
		Klasse	Datum	**3.7**

Ordnen Sie den isometrischen Raumbildern jeweils die entsprechende Vorderansicht und Draufsicht zu.

Raumbilder	Vorderansichten	Draufsichten

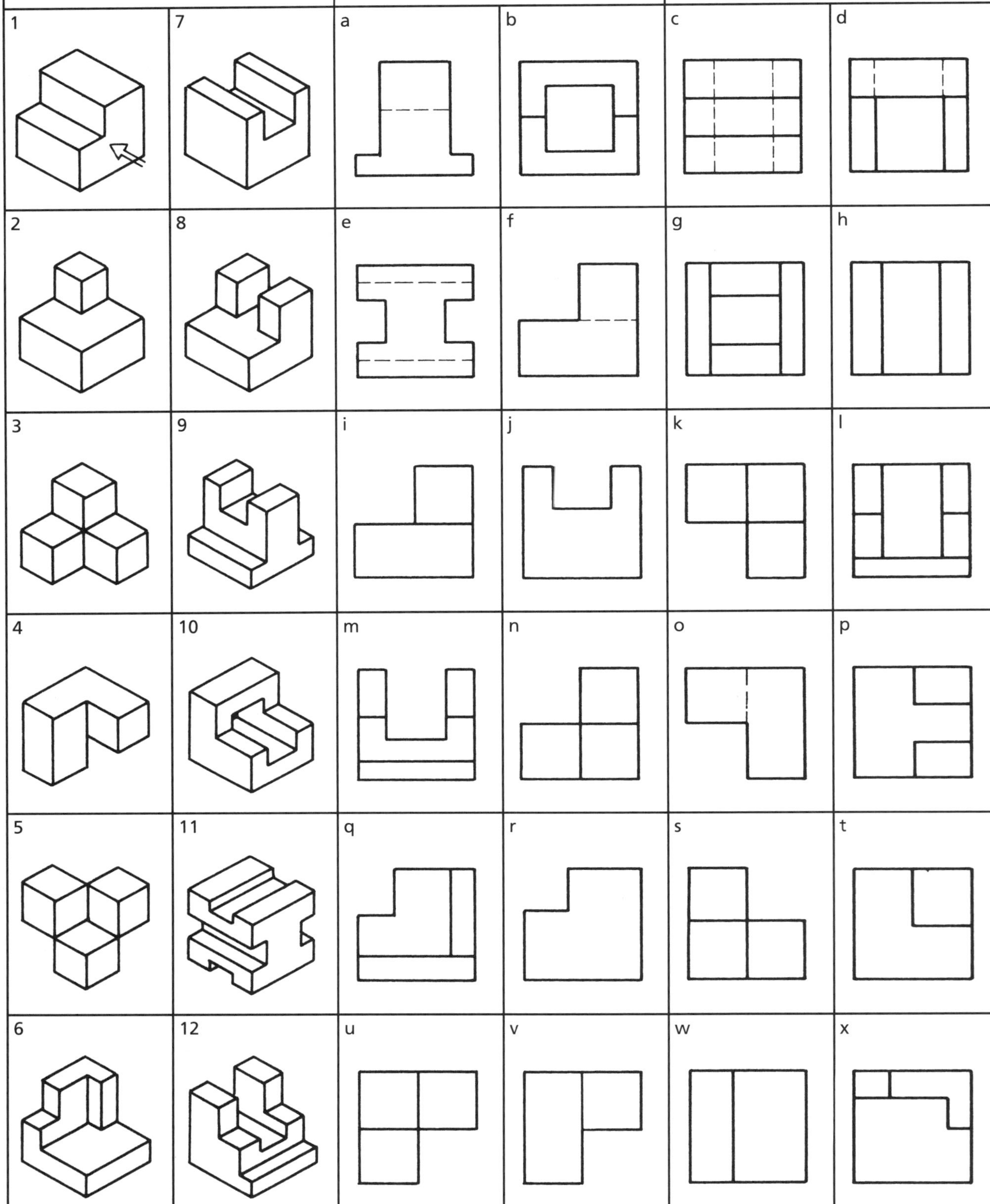

Raumbild	1	2	3	4	5	6	7	8	9	10	11	12
Vorderansicht												
Draufsicht												

DIN ISO 128-30	Verdeckte Körperkanten – Zeichnungslesen 1	Name		
		Klasse	Datum	3.8

Ordnen Sie den isometrischen Raumbildern jeweils die entsprechende Vorderansicht und Seitenansicht zu.

Raumbilder		**Vorderansichten**		**Seitenansichten**	
1 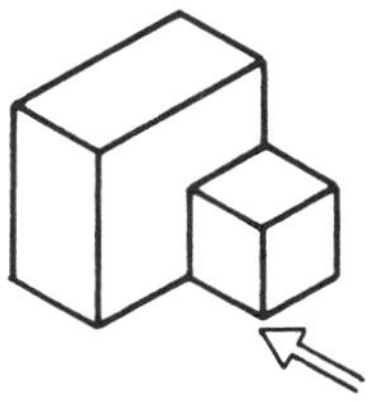	7 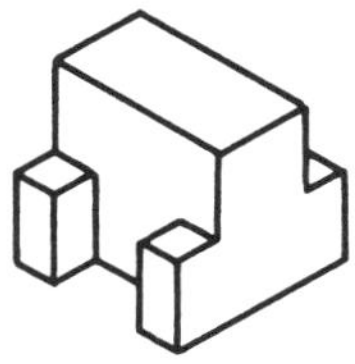	a 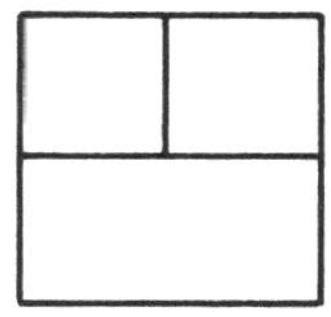	b 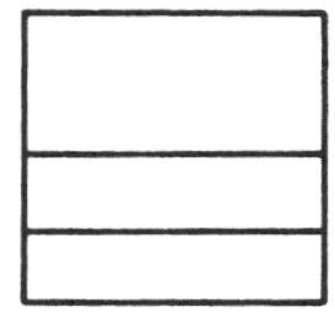	c 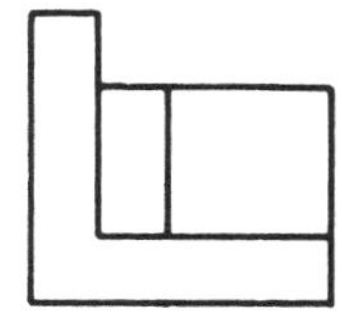	d 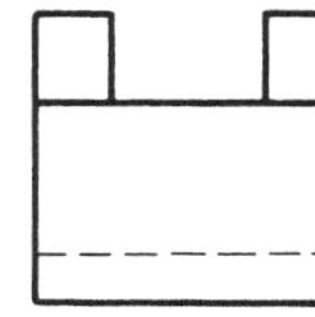
2 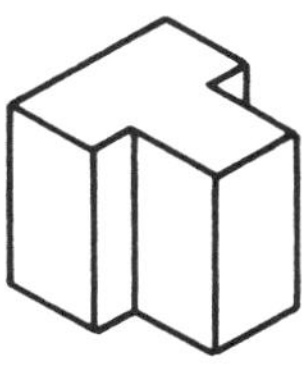	8 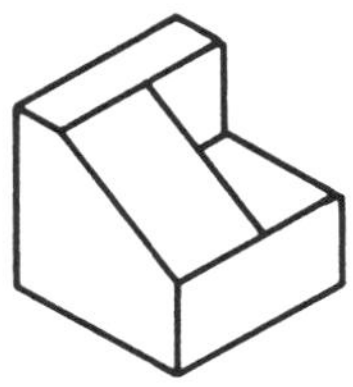	e 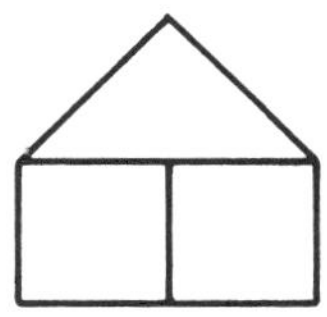	f 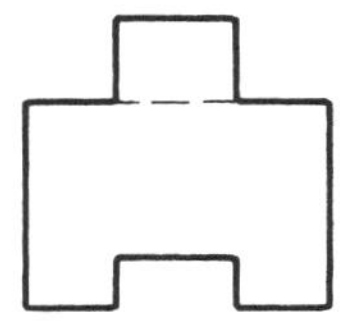	g 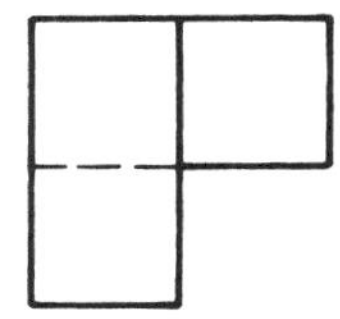	h 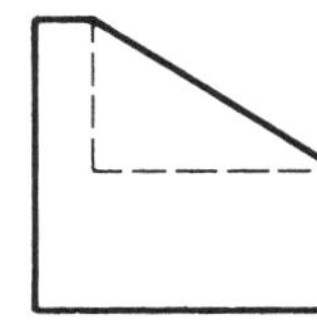
3 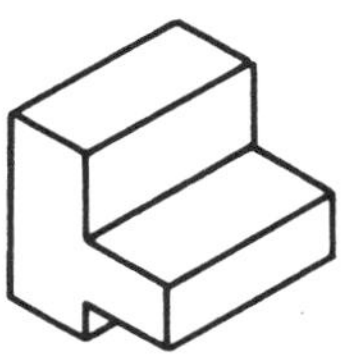	9 	i 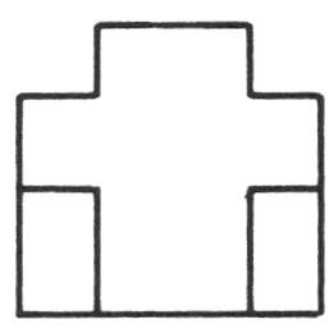	j 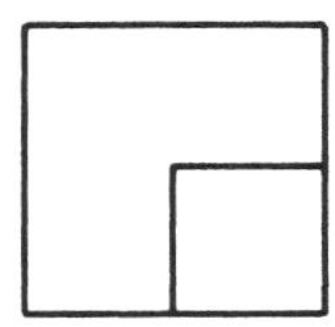	k 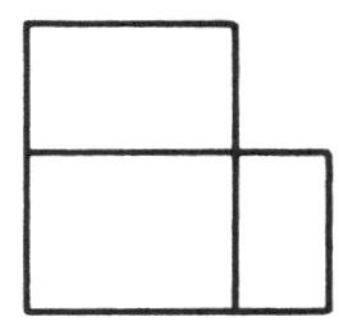	l 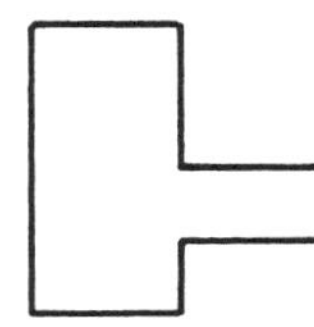
4 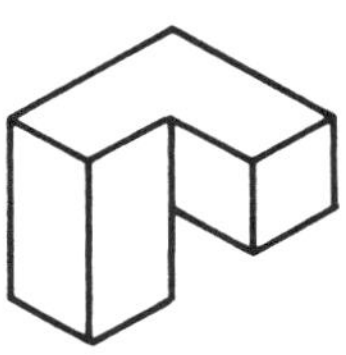	10 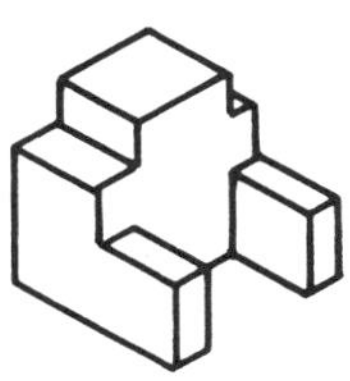	m 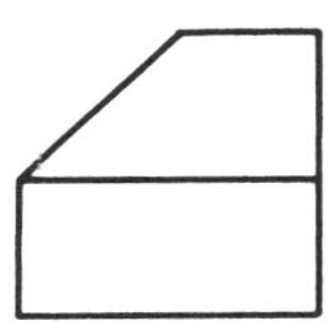	n 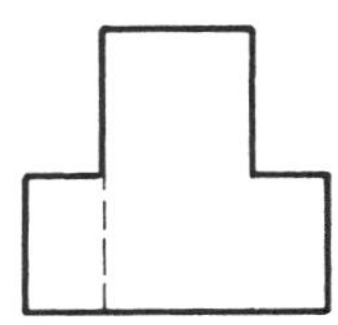	o 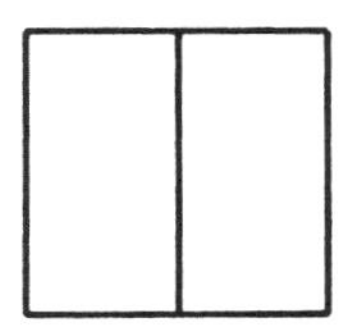	p 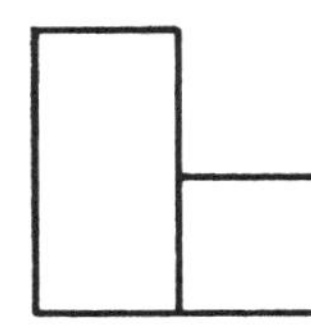
5 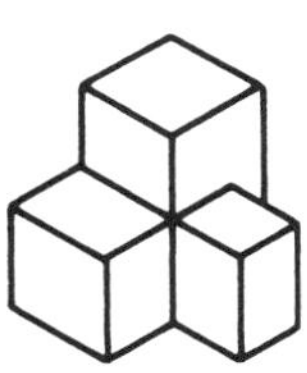	11 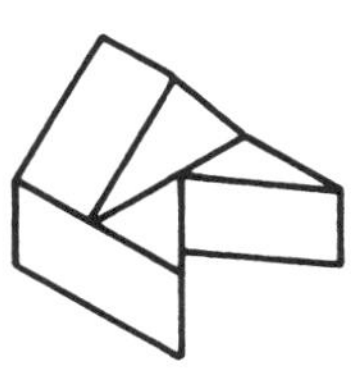	q 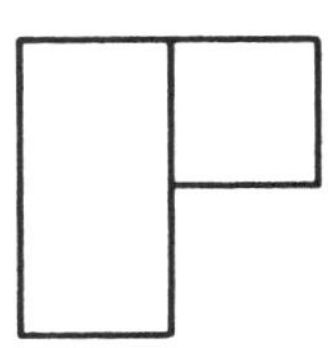	r 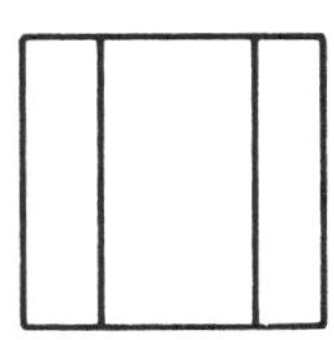	s 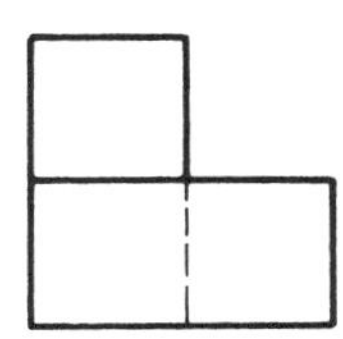	t 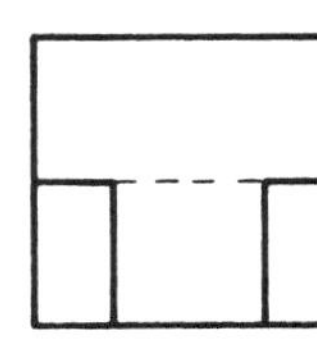
6 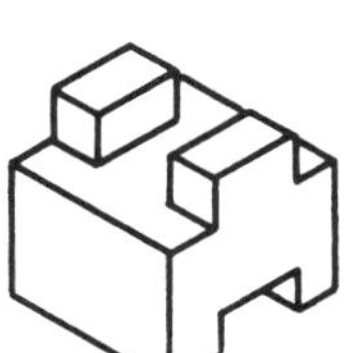	12 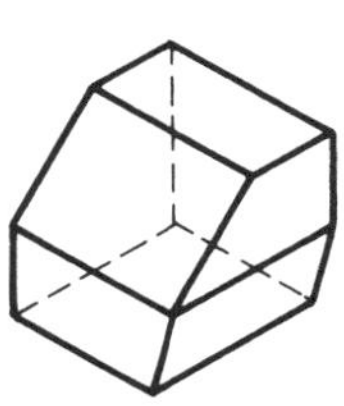	u 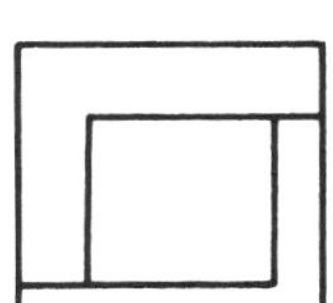	v 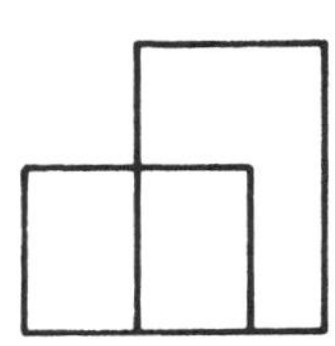	w 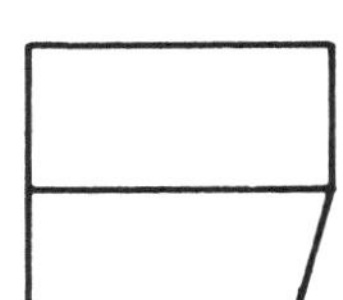	x 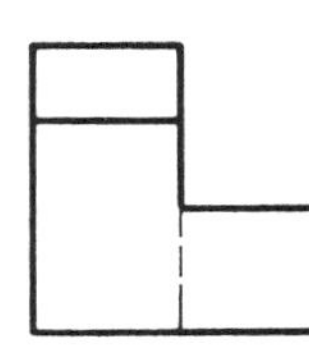

Raumbild	1	2	3	4	5	6	7	8	9	10	11	12
Vorderansicht	___	___	___	___	___	___	___	___	___	___	___	___
Seitenansicht	___	___	___	___	___	___	___	___	___	___	___	___

DIN ISO 128-30	Verdeckte Körperkanten – Zeichnungslesen 2	Name		
		Klasse	Datum	**3.9**

Ergänzen Sie jeweils die fehlende Seitenansicht.

1.

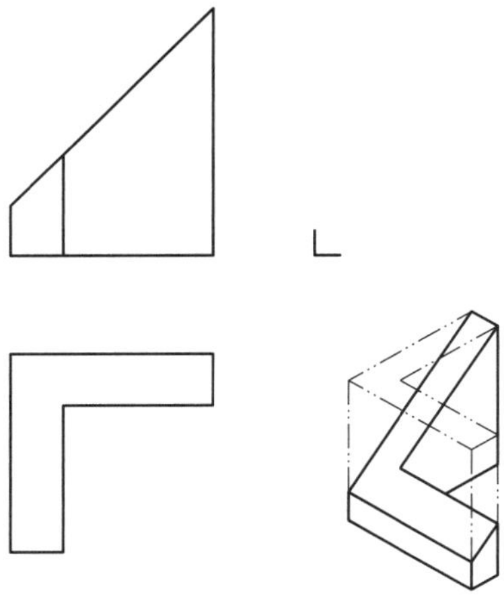

4.

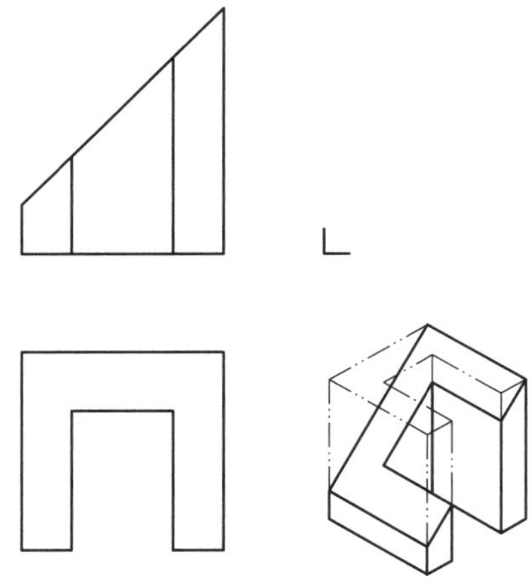

2.

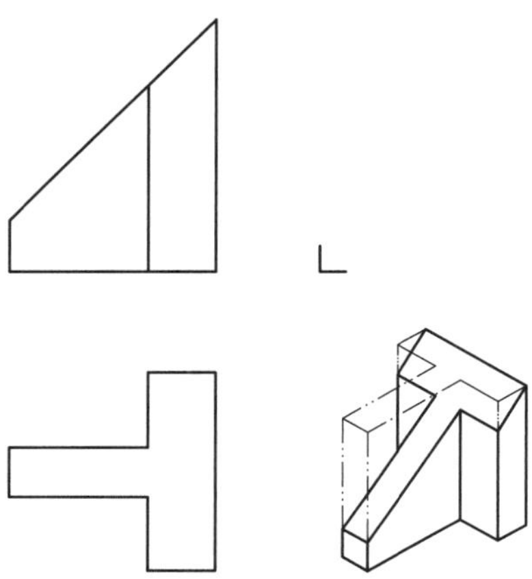

5.

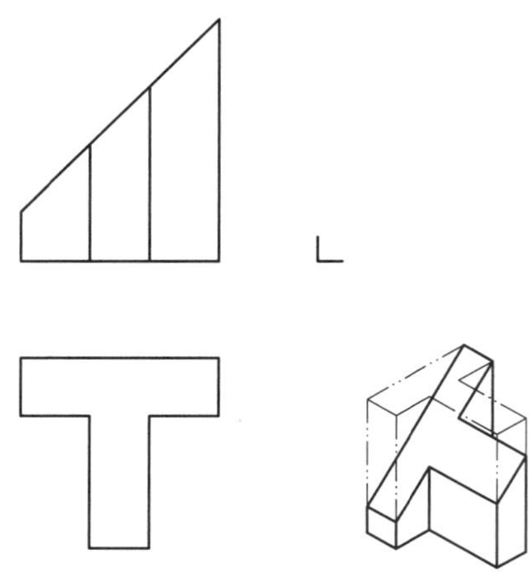

3.

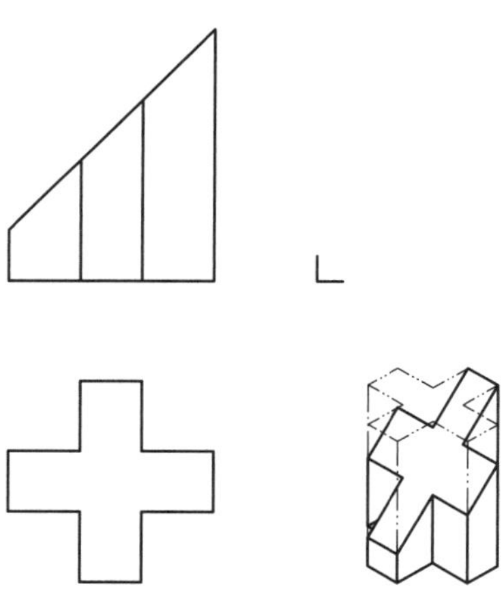

6.

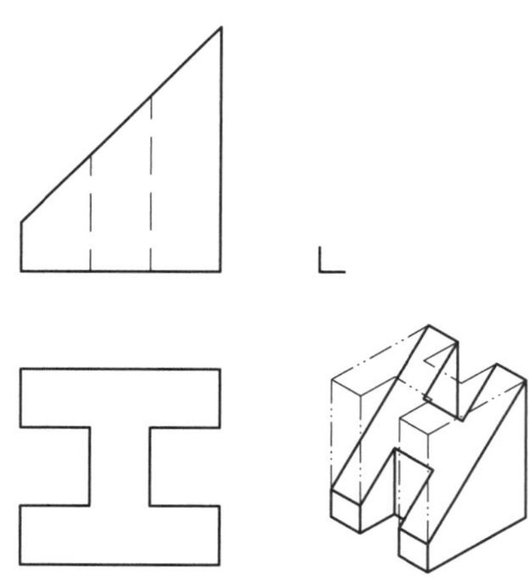

DIN ISO 128-30	Profilstäbe – Räumliches Vorstellungsvermögen 1	Name		
		Klasse	Datum	**3.10**

Ergänzen Sie jeweils die fehlende Draufsicht.

1.

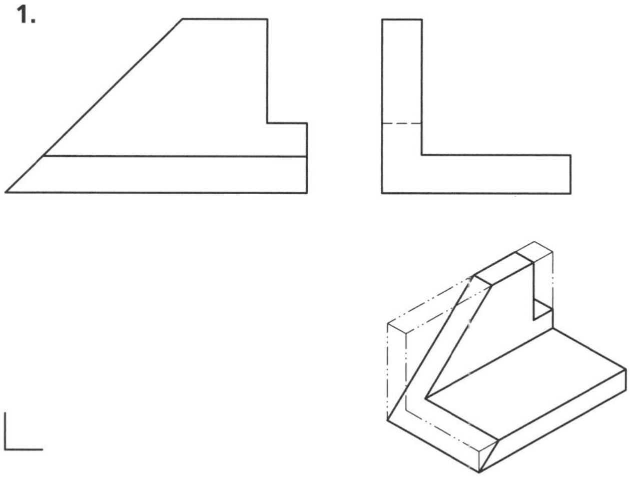

4.

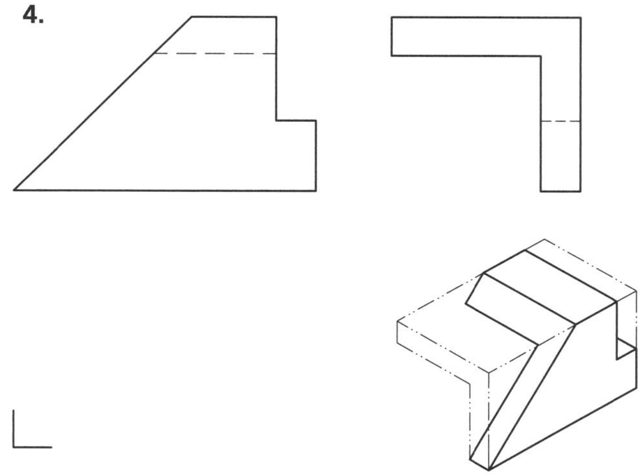

2.

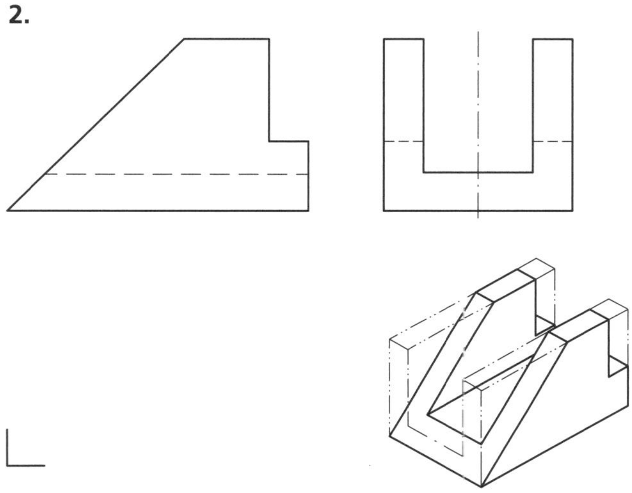

5.

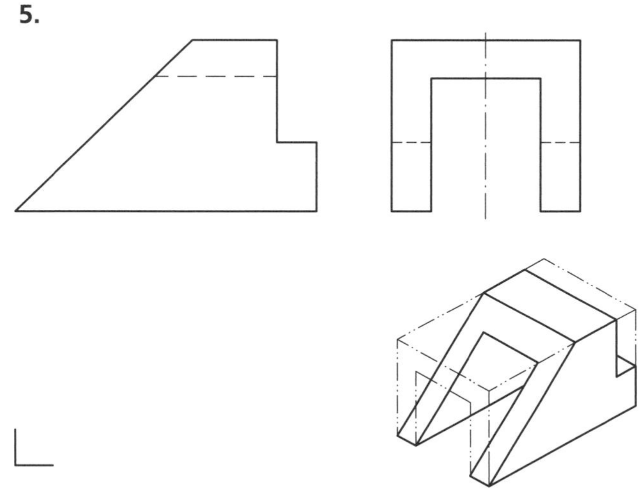

3.

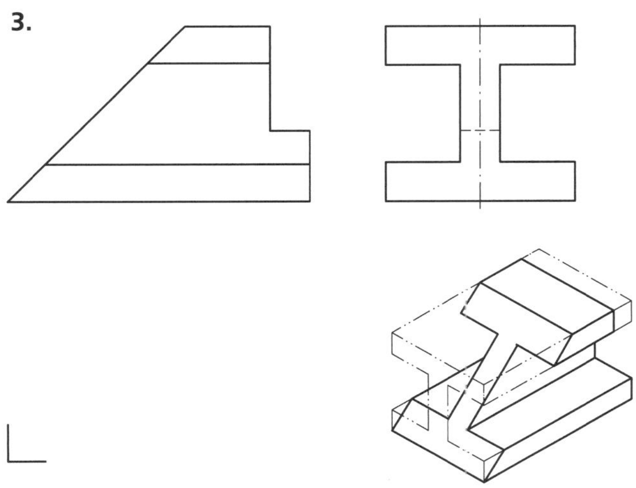

6.

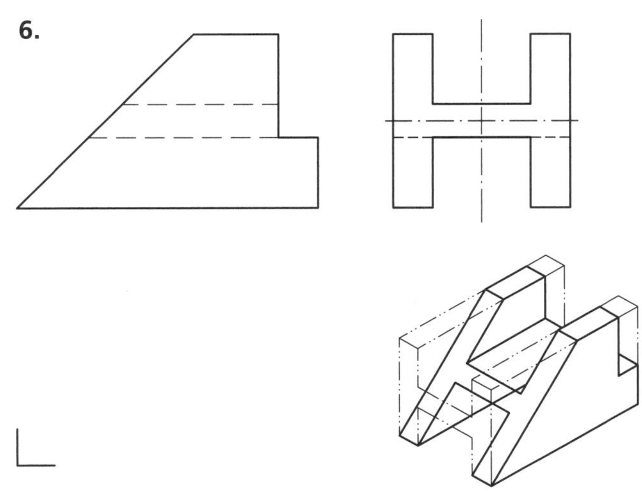

DIN ISO 128-30	Profilstäbe – Räumliches Vorstellungsvermögen 2	Name		
		Klasse	Datum	**3.11**

1. Kavalierperspektive

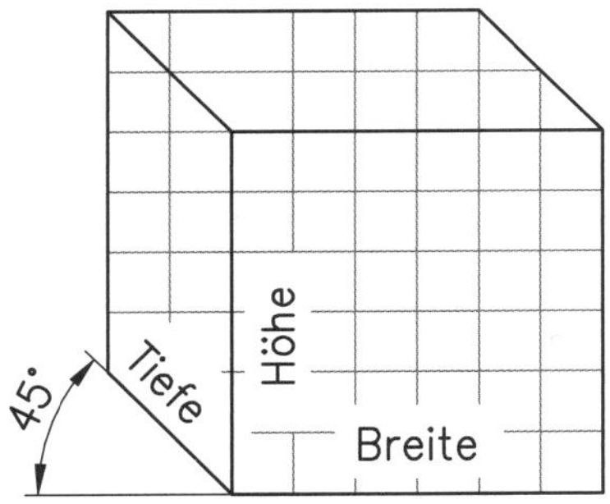

Zeichnen Sie ein scharfkantiges L-Profil 30 × 10 × 30 in Kavalierperspektive.

2. Dimetrische Projektion

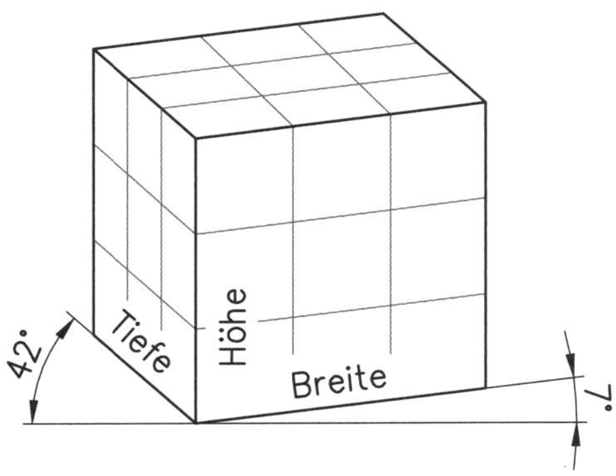

Zeichnen Sie ein scharfkantiges L-Profil 30 × 10 × 30 in dimetrischer Projektion.

3. Isometrische Projektion

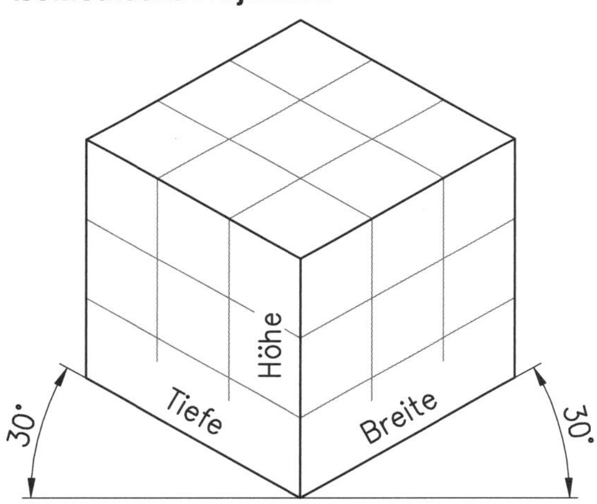

Zeichnen Sie ein scharfkantiges L-Profil 30 × 10 × 30 in isometrischer Projektion.

Informationen

1. Die **Kavalierperspektive** ist nicht genormt. Die Tiefe wird um die Hälfte verkürzt gezeichnet. Die Kavalierperspektive eignet sich für das Skizzieren auf kariertem Papier.
2. Bei der **dimetrischen Projektion** wird die Tiefe um die Hälfte verkürzt gezeichnet. Die dimetrische Projektion zeigt nur in einer Ansicht wesentliche Werkstückkonturen. Die Winkel und damit die Verzerrungen können vertauscht werden, um eine günstigere Perspektive zu erhalten.
3. Bei der **isometrischen Projektion** werden alle Abmessungen im gleichen Maßstab gezeichnet. Die isometrische Projektion zeigt in allen drei Ansichten wesentliche Werkstückkonturen.

DIN ISO 5456-3	Perspektivische Körperdarstellungen	Name		
		Klasse	Datum	**3.12**

Skizzieren Sie das scharfkantige T-Profil in verschiedenen isometrischen Projektionen.
Die Punkte A und B geben hierbei jeweils die Ansicht des T-Profils vor.

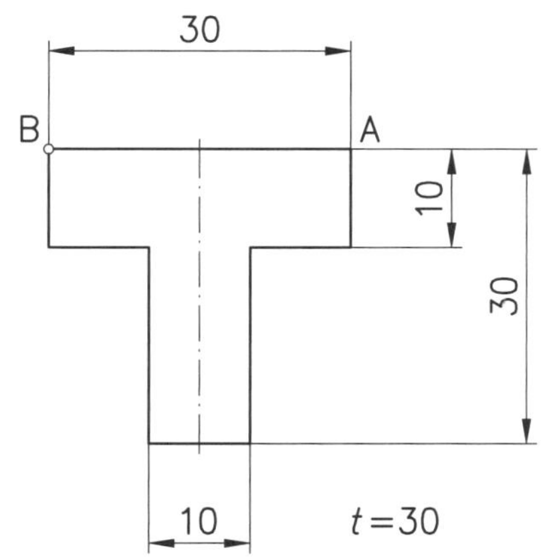

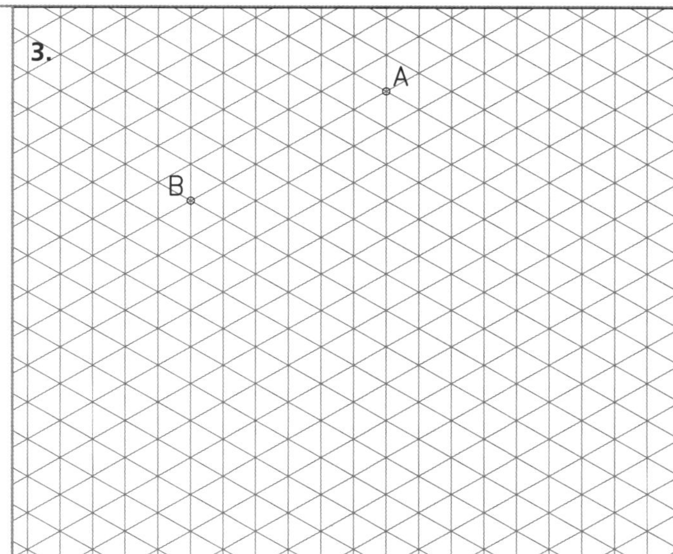

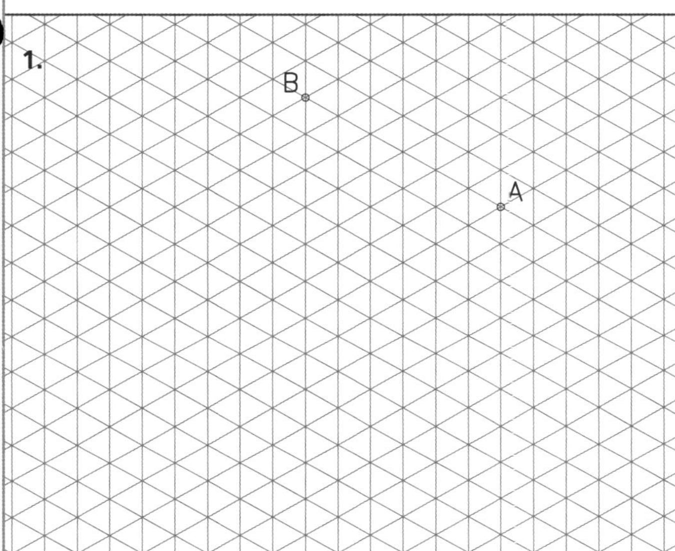

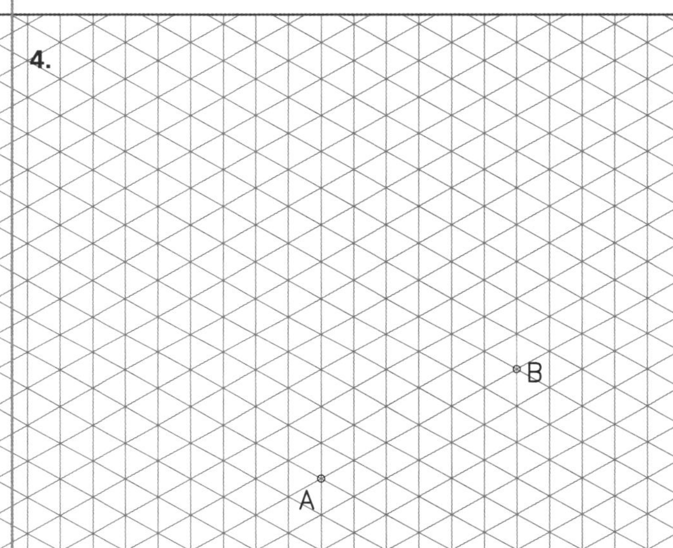

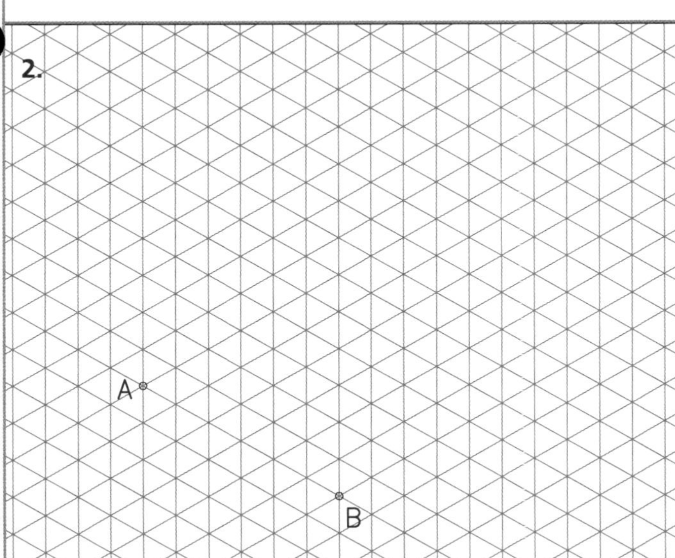

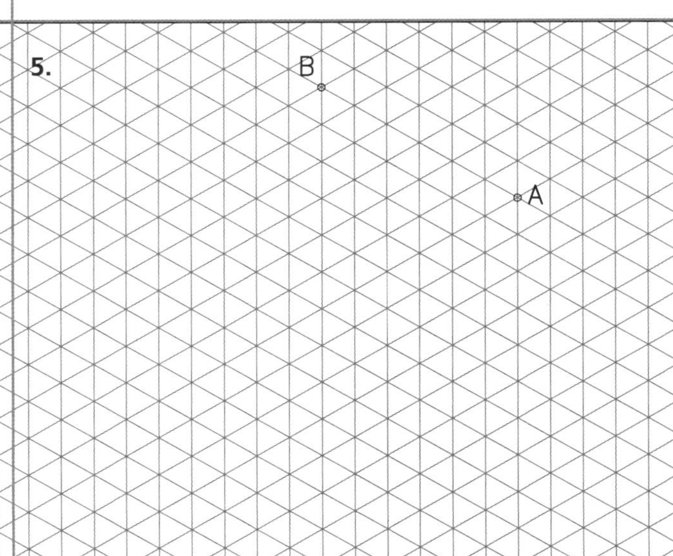

DIN ISO 5456-3	Isometrische Projektion 1	Name		
		Klasse	Datum	3.13

Skizzieren Sie zu den vorgegebenen Werkstückansichten jeweils das Raumbild in isometrischer Projektion. Die Punkte A und B geben hierbei jeweils die Ansicht des Werkstücks vor.

1.

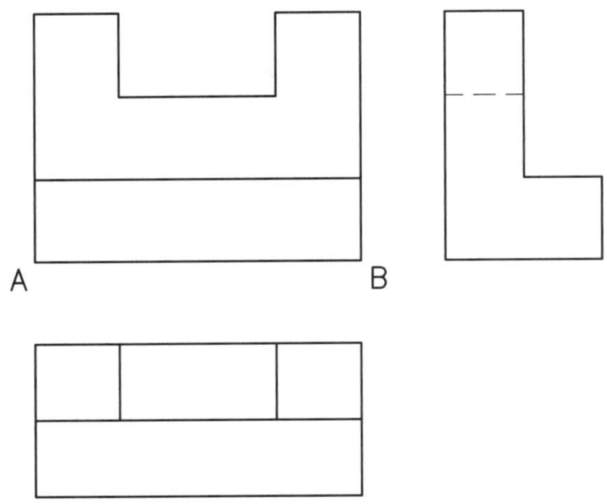

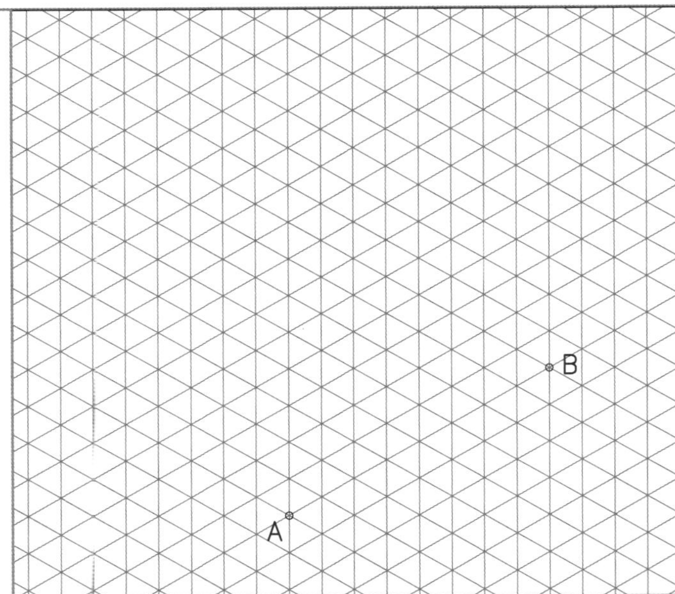

2.

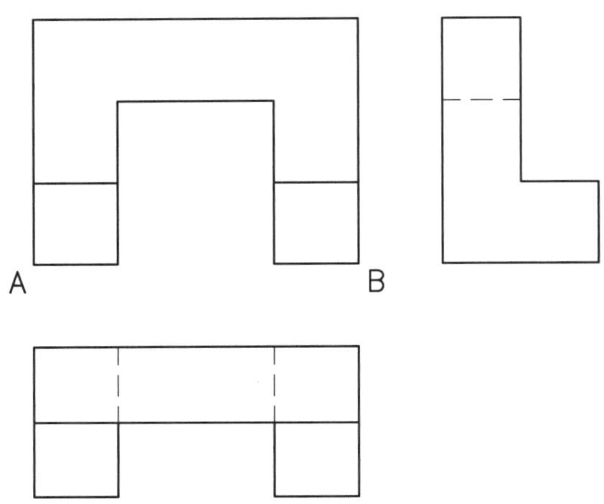

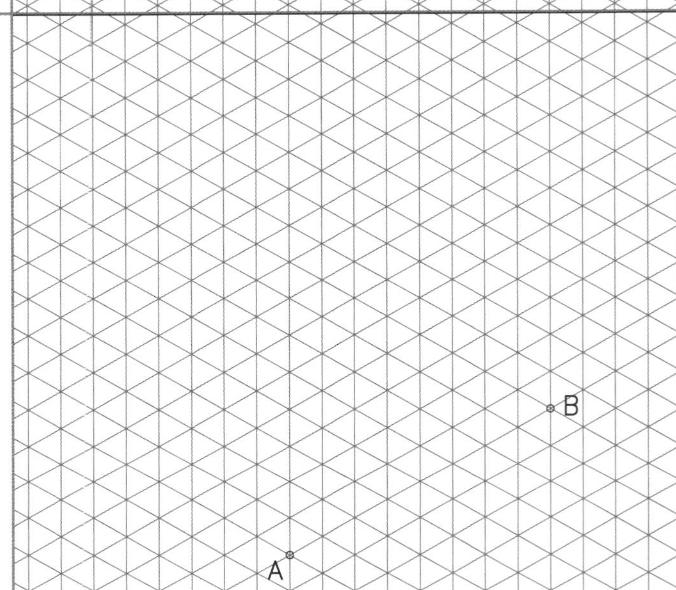

3.

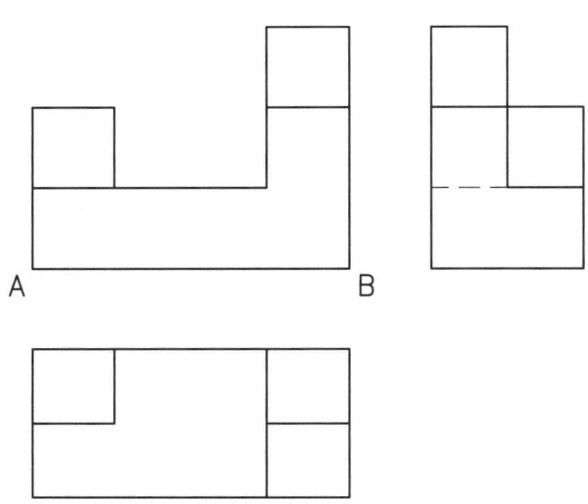

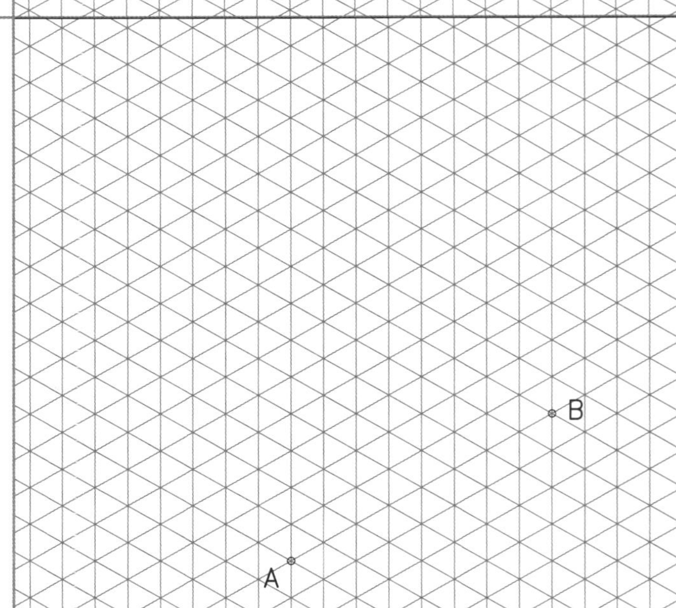

DIN ISO 5456-3	Isometrische Projektion 2	Name		
		Klasse	Datum	3.14

Skizzieren Sie zu den vorgegebenen Werkstückansichten jeweils das Raumbild in isometrischer Projektion. Die Punkte A und B geben hierbei jeweils die Ansicht des Werkstücks vor.

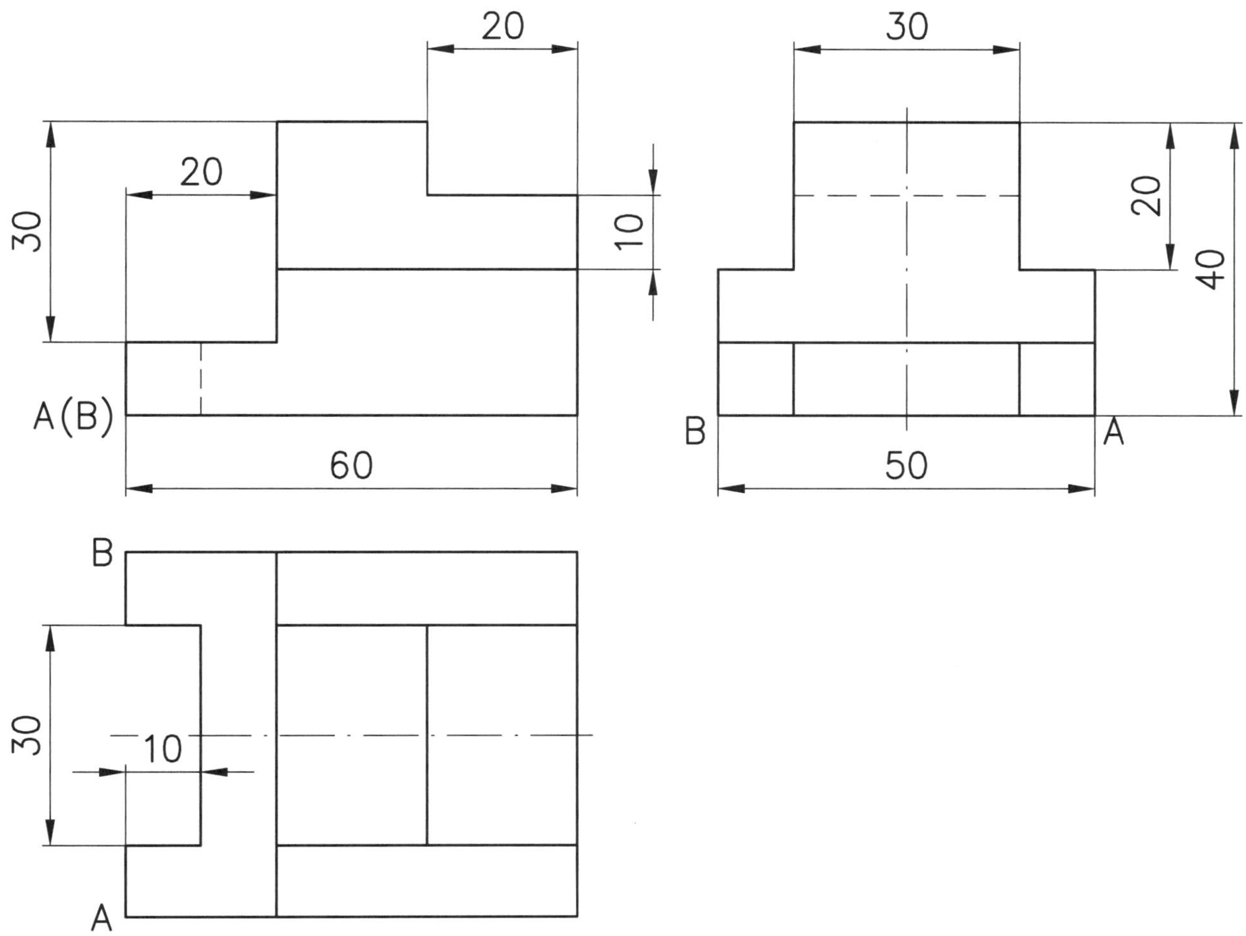

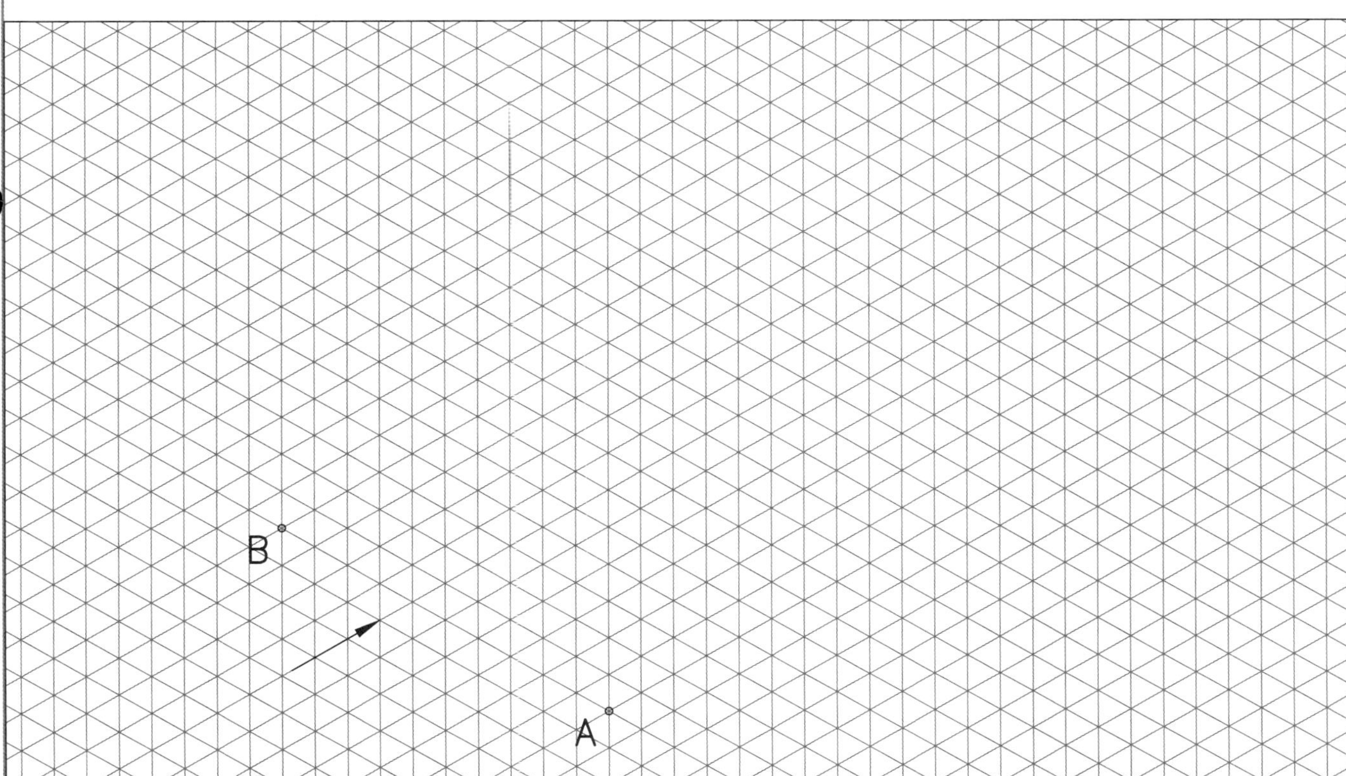

DIN ISO 5456-3	Isometrische Projektion 3	Name		
		Klasse	Datum	3.15

Erstellen Sie zu den in isometrischer Projektion vorgegebenen Werkstücken jeweils die Vorderansicht, Seitenansicht und Draufsicht als unbemaßte Freihandskizze im Maßstab 1:1.

1.

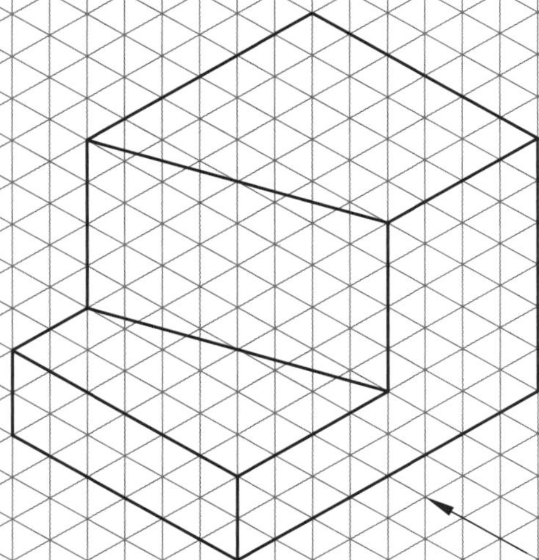

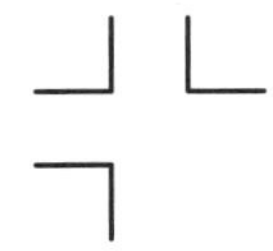

2.

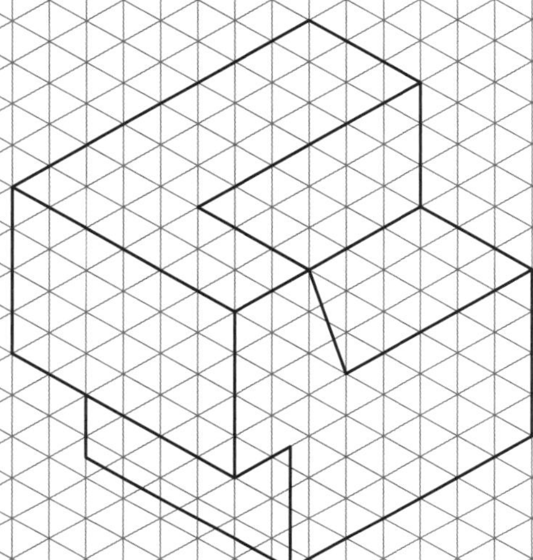

3.

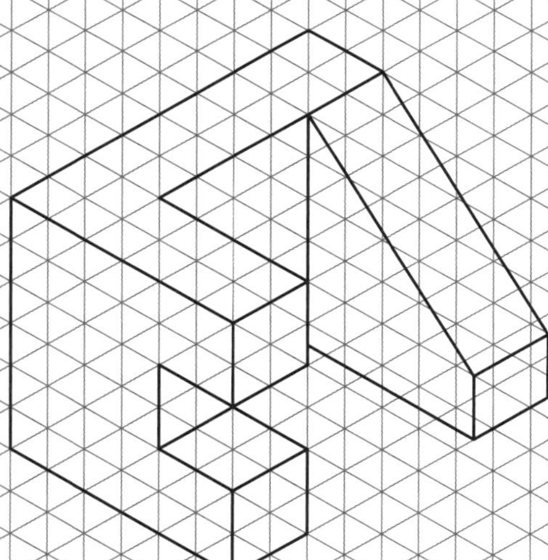

DIN ISO 5456-3	Projektionsmethode 1 – Freihandskizze 1	Name		
		Klasse	Datum	3.16

Erstellen Sie zu den in isometrischer Projektion vorgegebenen Werkstücken jeweils die Vorderansicht, Seitenansicht und Draufsicht als unbemaßte Freihandskizze im Maßstab 1:1.

4.

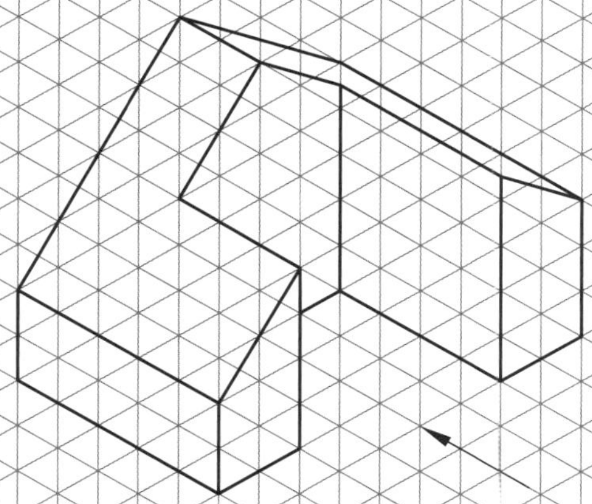

5.

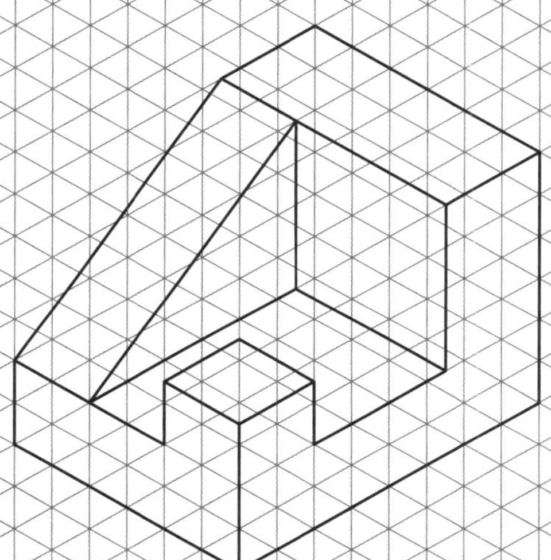

6.

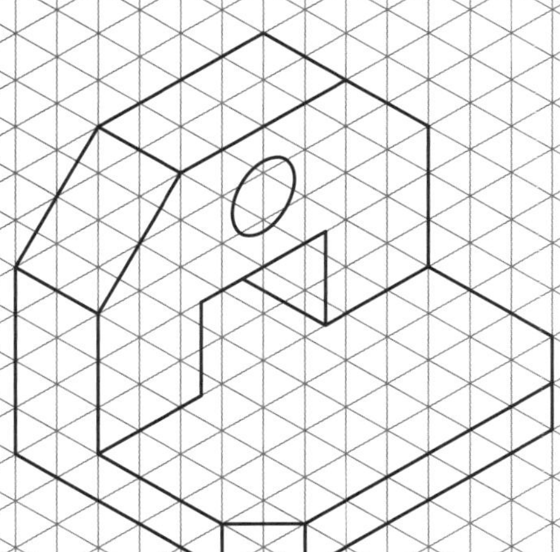

DIN ISO 5456-3	Projektionsmethode 1 – Freihandskizze 2	Name		
		Klasse	Datum	3.17

7.

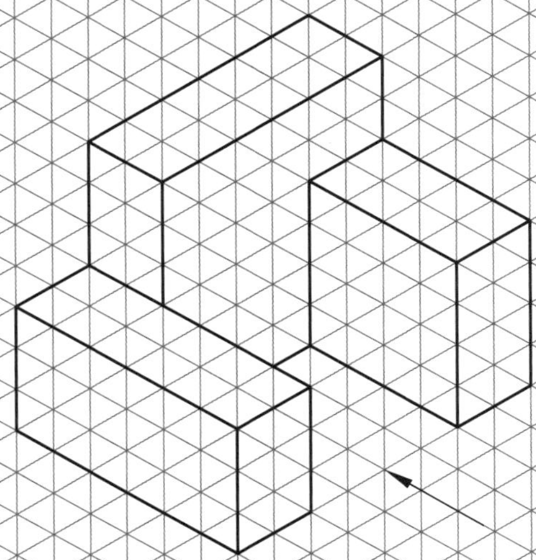

8.

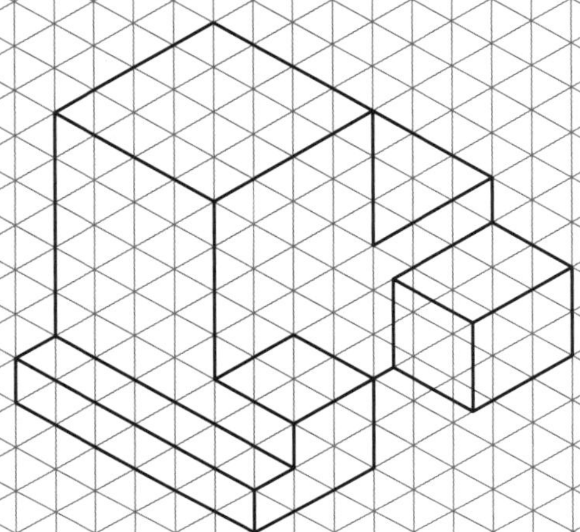

9.

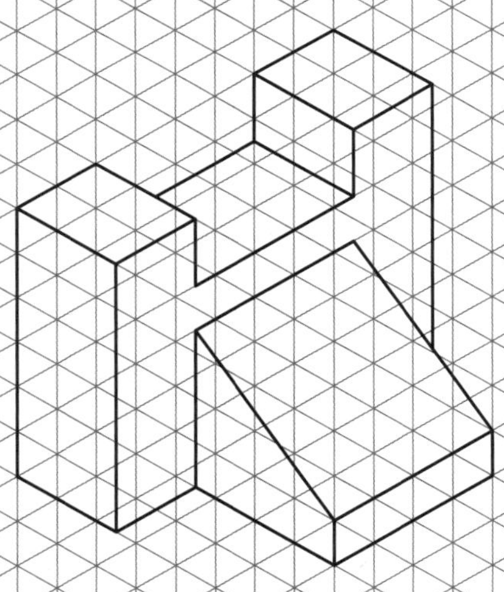

DIN ISO 5456-3	Projektionsmethode 1 – Freihandskizze 3	Name		
		Klasse	Datum	3.18

Informationen

1. Angabe der Oberflächenbeschaffenheit

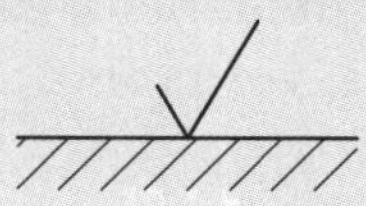

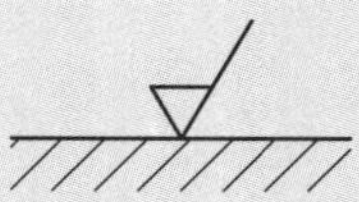

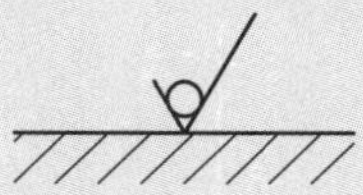

Das Oberflächengrundsymbol besteht aus zwei ungleich langen Linien von 60° zur bearbeitenden Oberfläche. Diese Oberfläche darf mit jedem Fertigungsverfahren hergestellt werden.

Bei vorgeschriebener materialabtragender Bearbeitung, z. B. Fräsen, erhält das Grundsymbol eine Querlinie.

Darf bei der Bearbeitung kein Material abgetragen werden wie z. B. beim Schmieden oder verbleibt die Oberfläche im Rohzustand, erhält das Grundsymbol einen Kreis.

2. Größen der Oberflächensymbole

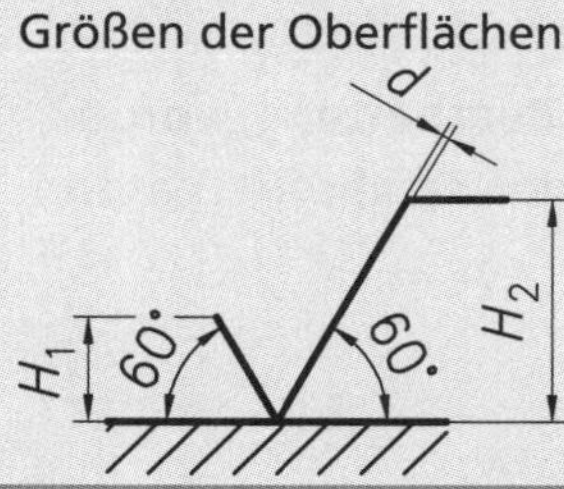

Höhe *h* der Maßzahlen in mm	2,5	3,5	5	7	10
d	0,25	0,35	0,5	0,7	1,0
H_1	3,5	5	7	10	14
H_2	8	11	15	21	30

3. Angaben der Oberflächenbeschaffenheit/-rauheit

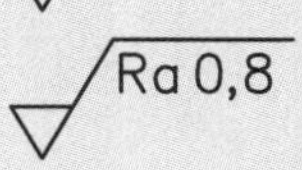

Qualität der Oberfläche	Rauheitswerte in µm				vereinfachtes Symbol
	Rz		*Ra*		
	Reihe 2	Reihe 3	Reihe 2	Reihe 3	
unbearbeitet/roh	–	–	–	–	–
geschruppt	100	63	12,5	6,3	√w
geschlichtet	25	16	3,2	1,6	√x
feingeschlichtet	6,3	4	0,8	0,4	√y
feinstgeschlichtet	1	1	0,1	0,1	√z

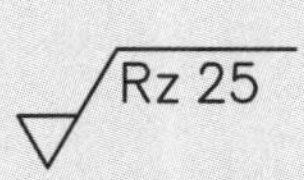

vergleichbar

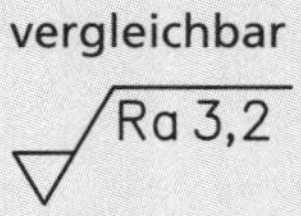

Die Oberflächenrauheit wird meistens durch die Rauheitswerte *Rz* (= gemittelte Rautiefe) oder *Ra* (= arithmetische Mittenrauheit) angegeben. Eine direkte Umrechnung von *Rz* in *Ra* ist wegen der unterschiedlichen Verarbeitung der Messwerte nicht möglich.

4. Zusätzliche Angaben

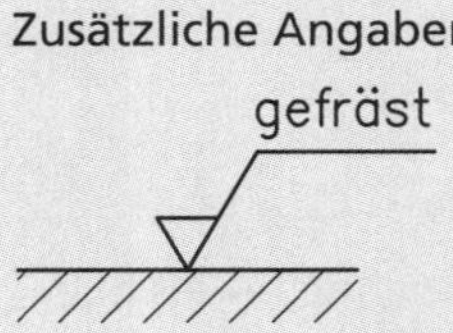

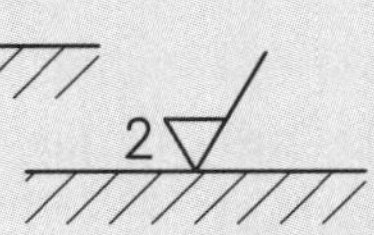

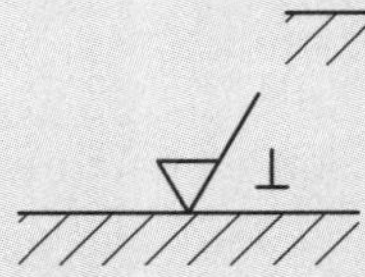

Angaben zu Fertigungsverfahren oder Behandlungen werden in ungekürzter Wortangabe über die waagerechte Linie geschrieben.

Die Größe einer Bearbeitungszugabe in mm wird links neben dem Oberflächensymbol eingetragen.

Eine vorgeschriebene Rillenrichtung einer Oberfläche wird durch ein zusätzliches Symbol festgelegt (z. B. ⊥ für senkrecht).

5. Zusammenfassung ausführliches Oberflächensymbol

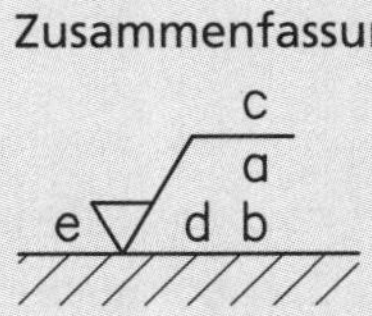

a = Rauheitswert in µm
b = evtl. zusätzlicher Rauheitswert
c = vorgeschriebenes Fertigungsverfahren
d = vorgeschriebene Rillenrichtung z. B. X für kreuzförmig
e = Bearbeitungszugabe in mm

DIN EN ISO 1302	Oberflächenkennzeichnung 1	Name		
		Klasse	Datum	4.1

Ergänzen Sie jeweils die passenden Oberflächensymbole.

1. Materialabtragend oder nichtmaterialabtragend hergestellte Oberfläche mit *Ra* = 6,3 µm

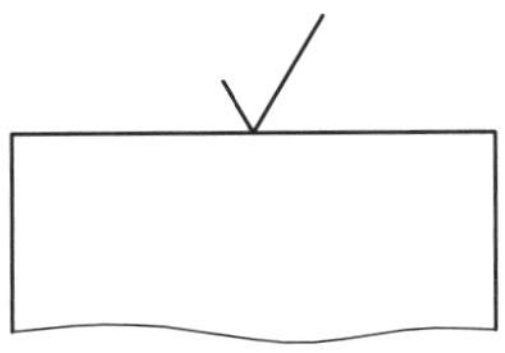

2. Materialabtragend hergestellte Oberfläche mit einer arithmetischen Mittenrauheit *Ra* = 6,3 µm

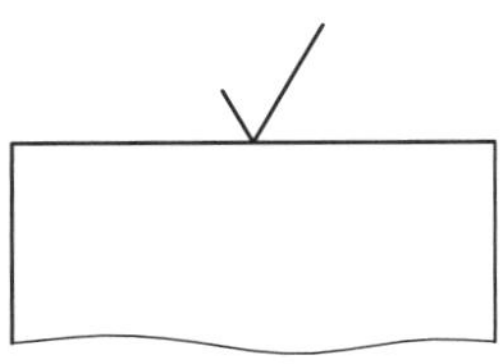

3. Nichtmaterialabtragend hergestellte Oberfläche mit einer arithmetischen Mittenrauheit *Ra* = 6,3 µm

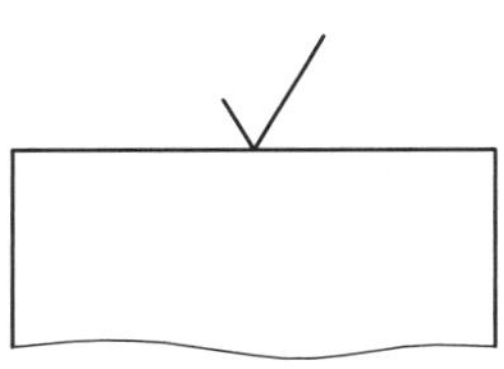

4. Materialabtragend oder nichtmaterialabtragend hergestellte Oberfläche, verchromt

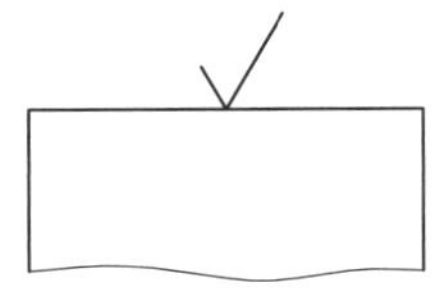

5. Materialabtragende Bearbeitung, vorgeschriebenes Fertigungsverfahren: Fräsen

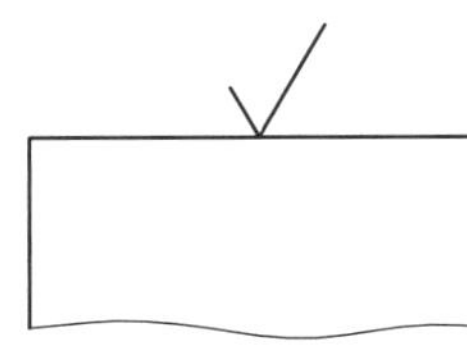

6. Der Anlieferungszustand oder die Fertigungsstufe der Oberfläche soll unverändert bleiben.

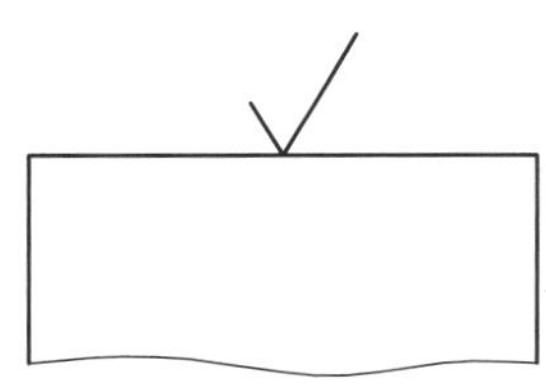

Informationen

1. Das Grundsymbol allein ist nicht aussagefähig. Erst eine zusätzliche Angabe klärt die Bedeutung.
2. Bei dieser Oberflächenkennzeichnung kann die Oberfläche mit jedem materialabtragenden Fertigungsverfahren gefertigt werden.
3. Bei dieser Oberflächenbearbeitung darf kein Material abgetragen werden. Typische Fertigungsverfahren sind: Gießen, Schmieden, Walzen u.a.
4. Für besondere Oberflächenangaben erhält der längere rechte Schenkel des Oberflächensymbols eine waagerechte Linie.
5. Bei der Angabe von Fertigungsverfahren beschreibt die Wortangabe immer den Zustand der Oberfläche nach der Bearbeitung, d.h., die Oberfläche ist gefräst.
6. Bei einer vorangegangenen materialabtragenden oder nichtmaterialabtragenden Fertigungsstufe ist das Oberflächensymbol stets ohne Zusatzangaben einzutragen.

DIN EN ISO 1302	Oberflächenkennzeichnung 2	Name		
		Klasse	Datum	4.2

Ergänzen Sie in den Werkstückzeichnungen jeweils die passenden Oberflächensymbole.

1. Materialabtragende Bearbeitung für die waagerechte Deckfläche

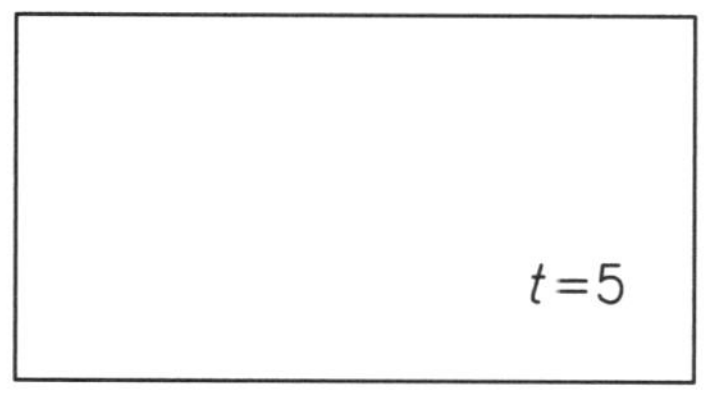

2. Materialabtragende Bearbeitung für die senkrechte Absatzfläche

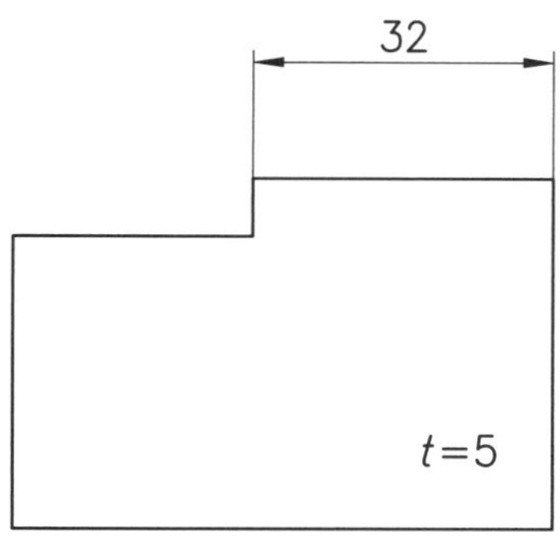

3. Materialabtragende Bearbeitung für die bemaßte Absatzfläche

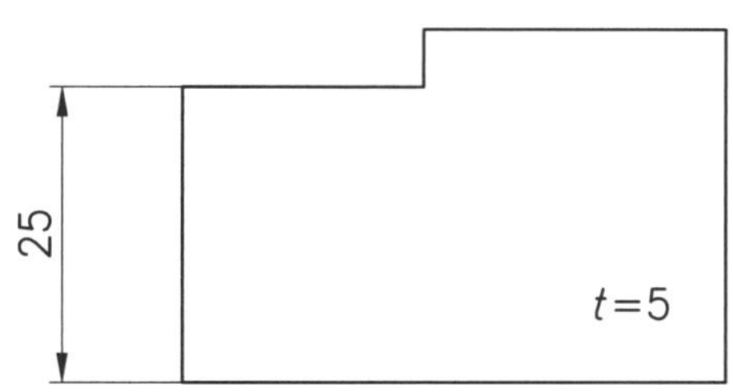

4. Materialabtragende Bearbeitung des ganzen Werkstücks

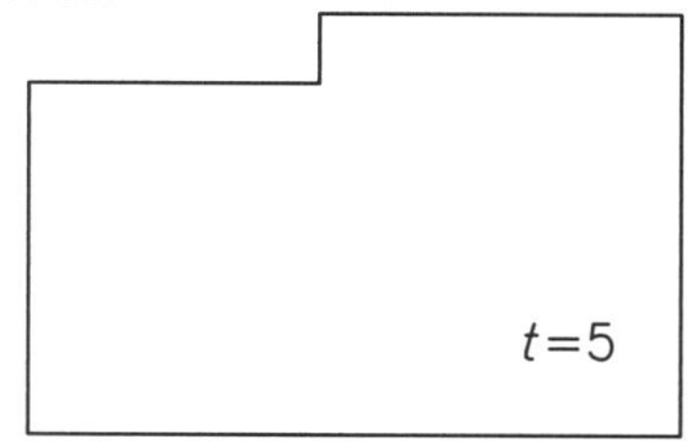

4

5. Materialabtragende Bearbeitung, Deckfläche und Absatzfläche *Ra* = 1,6 µm, übrige Flächen *Ra* = 25 µm

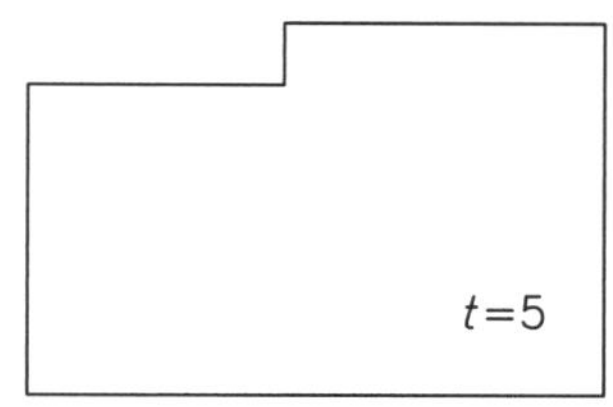

5

6. Werkstück geschmiedet, materialabtragende Bearbeitung *Ra* = 6,3 µm

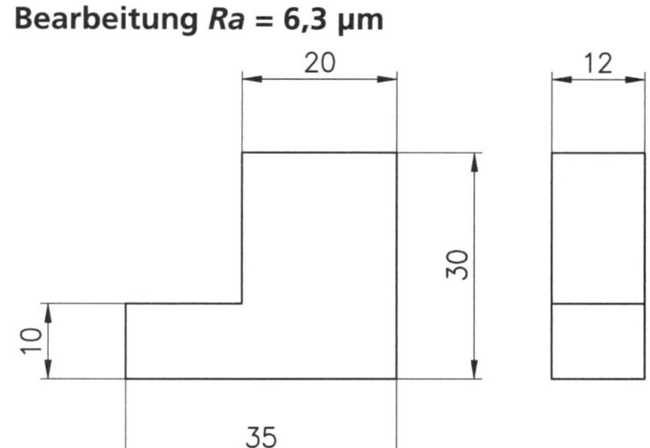

6

Informationen

1. Die Spitze des Oberflächensymbols steht auf der zu bearbeitenden Körperkante. Siehe auch Seite 48.
2. Bei Platzmangel darf das Oberflächensymbol auf eine Hilfs- bzw. Maßhilfslinie gesetzt werden.
3. Die Höhe des Oberflächensymbols ist der Schrifthöhe angepasst.
4. Bei gleichen Anforderungen steht das Oberflächensymbol möglichst hinter der Positionsnummer.
5. Zusätzliche Oberflächensymbole sind in Klammern zu setzen. Es genügt das Grundsymbol ohne weitere Angaben.
6. Die Oberflächensymbole stehen in der Ansicht, die auch die Bemaßung enthält.

DIN EN ISO 1302	Oberflächenkennzeichnung 3	Name		
		Klasse	Datum	4.3

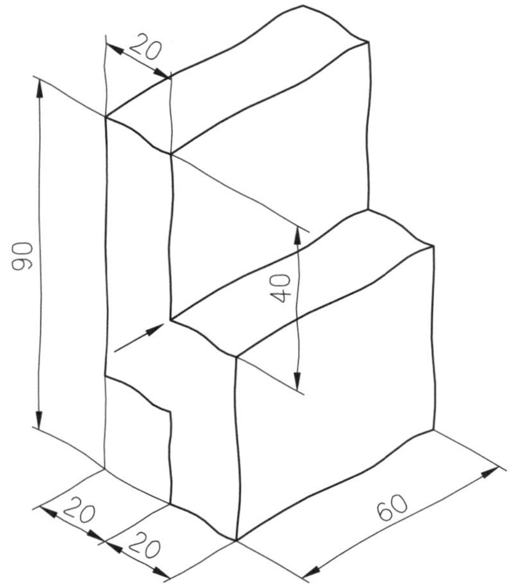

gesucht: a) Vorderansicht und Seitenansicht im Maßstab 1:1
b) Bemaßung
c) Oberflächenangaben

gegeben: Spannbock
Halbzeug Flachstahl 60 × 40 × 90
Werkstoff 34Cr4
materialabtrennende Bearbeitung
Ausklinkungen 20 × 60 × 20 und
40 × 60 × 20 mit *Ra* = 12,5 µm

(Verantw. Abt.)	(Technische Referenz)	Erstellt durch	Genehmigt von		
		Dokumentart Zeichnung	(Dokumentstatus)		
		Titel Oberflächenkennzeichnung – Spannbock	Sach-/Zeichnungsnummer		
			(Änd.)	Ausgabedatum	(Spr.) / (Blatt) 4.4

Tragen Sie in die Werkstückzeichnungen jeweils die Oberflächenangaben für eine materialabtragende Bearbeitung ein.

1. Obere waagerechte Fläche *Rz* = 25 µm, linke Stirnfläche *Rz* = 100 µm

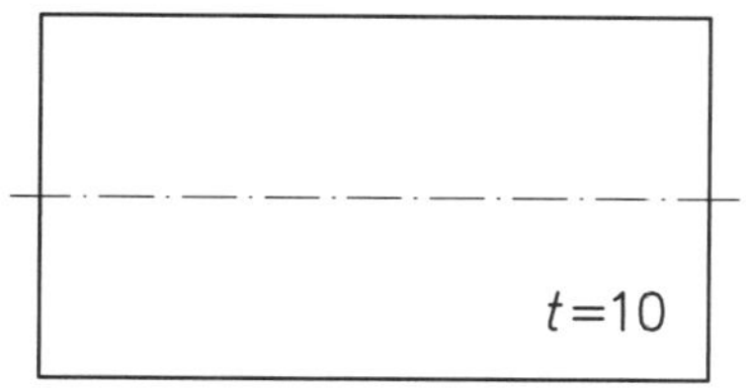

2. Schräge Fläche, gefräst, *Rz* = 16 µm, rechte Stirnfläche *Rz* = 63 µm

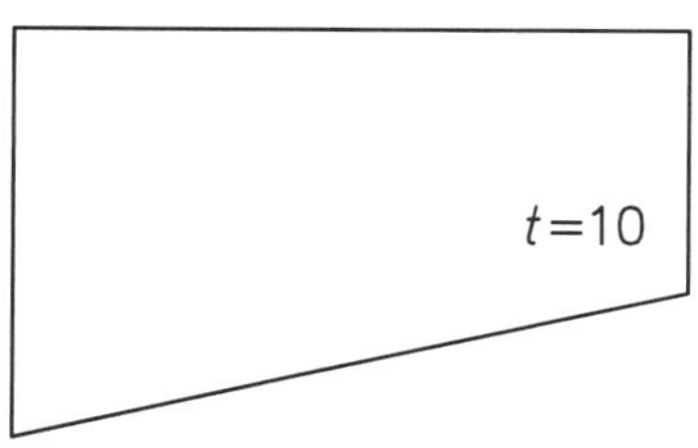

3. Geschliffene Bohrung mit *Rz* = 4 µm

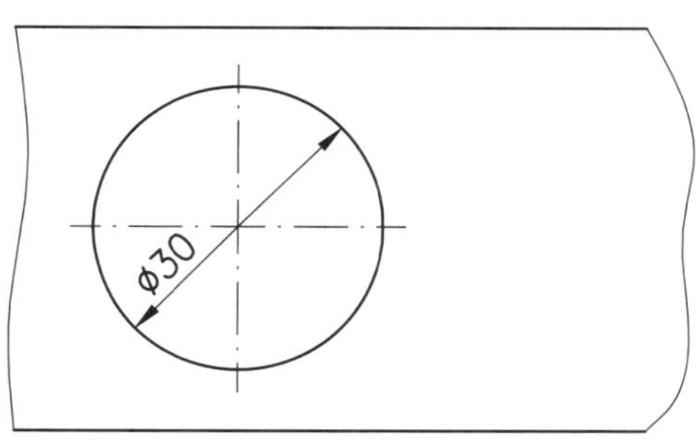

4. Geschliffene Welle mit *Rz* = 4 µm

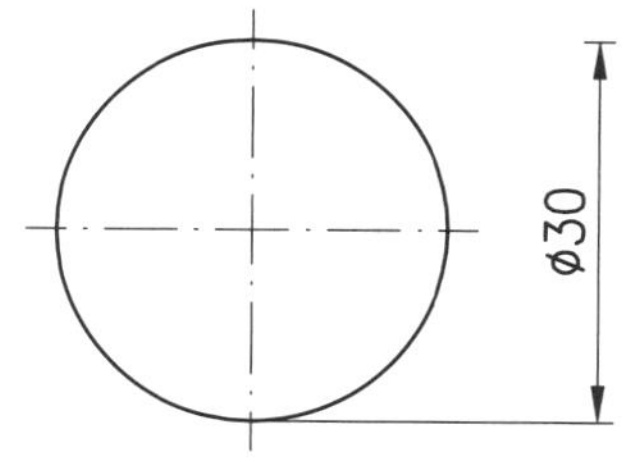

5. Flächenabstand 35, gemittelte Rautiefe 25 µm ∅ 25, gemittelte Rautiefe 16 µm

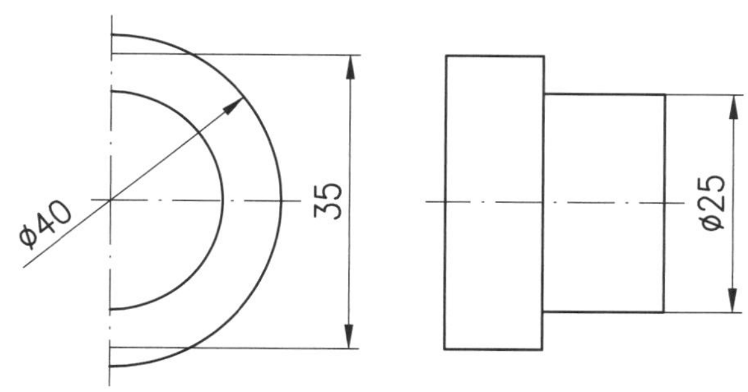

6. ∅ 32, *Rz* = 63 µm, vereinfachte Darstellung mit Buchstabe w

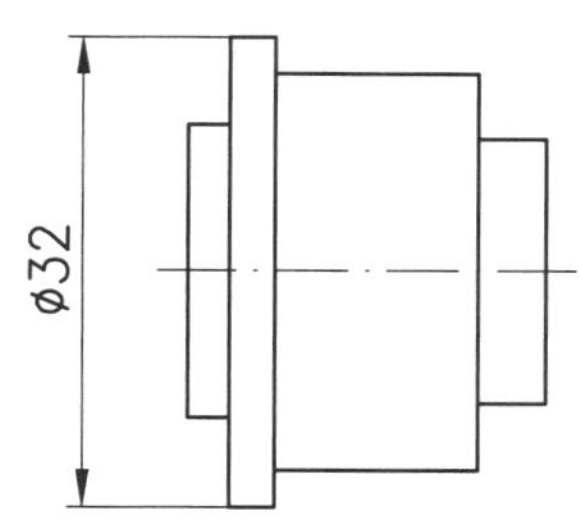

Informationen

1. Oberflächensymbole und Beschriftungen müssen von unten oder von rechts lesbar sein.
2 Falls erforderlich muss das Oberflächensymbol mit der Oberfläche durch eine Bezugs-/Hinweislinie verbunden werden.
3. Oberflächenangaben für Bohrungen sind innen auf die Körperkante zu setzen.
4. Oberflächenangaben für Wellen sind außen auf die Körperkante zu setzen.
5. Bei symmetrischen Flächen mit gleicher Oberflächenbeschaffenheit und bei Drehteilen ist das Oberflächensymbol nur einmal zu setzen.
6. Oberflächenangaben in vereinfachter Darstellung sind an geeigneter Stelle, z. B. neben dem Werkstück, näher zu erläutern.

DIN EN ISO 1302	Oberflächenkennzeichnung 4	Name		
		Klasse	Datum	**4.5**

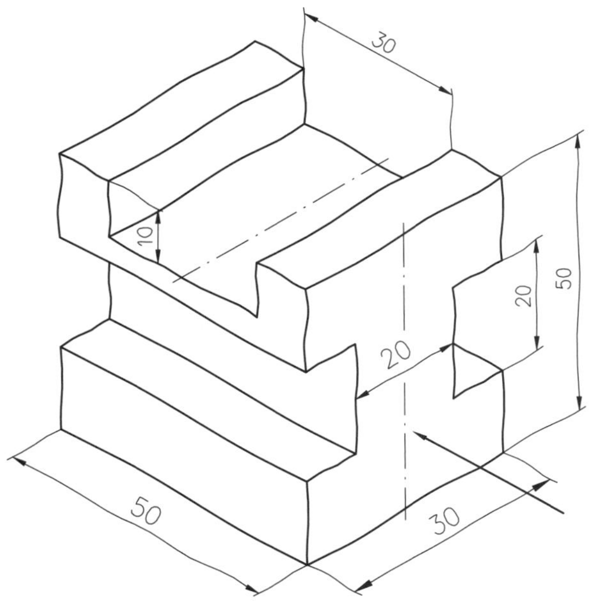

gesucht: a) Vorderansicht und Seitenansicht im Maßstab 1:1
b) Bemaßung
c) Oberflächenangaben in vereinfachter Darstellung

gegeben: Spannbock
Halbzeug Vierkantstahl 50 × 50 × 40
Werkstoff C45+C
materialabtrennende Bearbeitung
oberer Nutgrund mit $Rz = 1$ µm
seitliche Nutgründe mit $Rz = 6,3$ µm

(Verantw. Abt.)	(Technische Referenz)	Erstellt durch	Genehmigt von	
		Dokumentart Zeichnung	(Dokumentstatus)	
		Titel Oberflächenkennzeichnung – Führungsbock	Sach-/Zeichnungsnummer	
			(Änd.) Ausgabedatum (Spr.)	(Blatt) **4.6**

Informationen

1. Toleranzen für Längen und Winkelmaße
   Werkstücke müssen so präzise gefertigt werden, dass sie ihre Funktion erfüllen und die Austauschbarkeit jederzeit gewährleistet ist. Aus diesem Grund müssen u.a. fertigungsbedingte Maßabweichungen von den Idealmaßen in Grenzen gehalten werden.

2. Angabe der Maßabweichungen

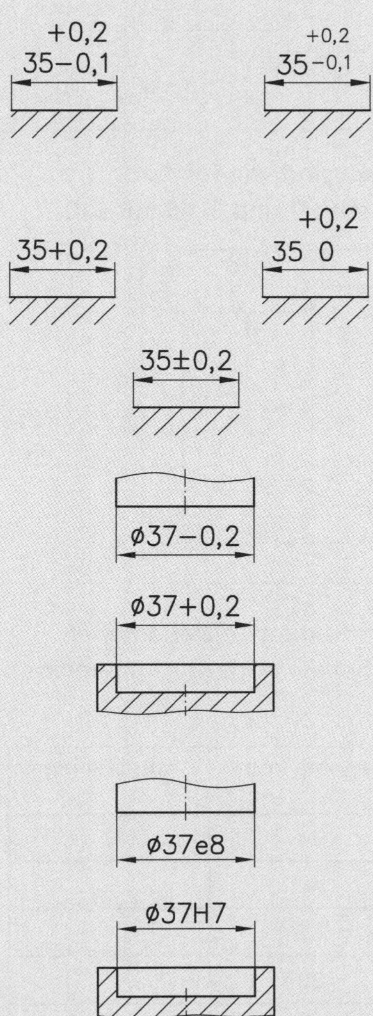

Die Angabe der zulässigen Abweichungen (= Toleranzen) vom Nennmaß (= Idealmaß) wird angegeben über:

a) Grenzabmaße

Das obere und untere Grenzabmaß steht hinter der Maßzahl. Sie werden bevorzugt in der gleichen Schriftgröße wie das Nennmaß eingetragen. Dabei steht das untere Abmaß auf der gleichen Höhe wie das Nennmaß, das obere Abmaß steht über dem unteren Abmaß.
Bei Platzmangel dürfen sie eine Schriftgröße kleiner gewählt werden, jedoch nicht < 2,5 mm.

Ist eines der beiden Abmaße = 0, so entfällt dessen Angabe meistens.
Es darf aber auch eingetragen werden.
Sind beide Abmaße gleich groß, d. h., sie unterscheiden sich nur im Vorzeichen, wird der Betrag nur einmal mit dem Vorzeichen ± angegeben.
Die Wahl der Größe und des Vorzeichens der Abmaße hängen von der Verwendung (Funktion) des Werkstückes ab.
Oft gilt jedoch, dass die Toleranzangabe in Richtung der Werkstoffabnahme zu wählen ist, d. h.:
– bei Außenmaßen (Wellen) ist das obere Abmaß = 0,
– bei Innenmaßen (Bohrungen) ist das untere Abmaß = 0.

b) Toleranzklassen nach DIN ISO 286

Die Angabe der Abmaße erfolgt durch Toleranzklassen, die durch einen Buchstaben und eine Zahl gekennzeichnet sind.
Der Buchstabe gibt dabei die Lage des Toleranzfeldes zur Nulllinie (= Nennmaß) an:
– Außenmaße (= Wellen) erhalten Kleinbuchstaben,
– Innenmaße (= Bohrungen) erhalten Großbuchstaben.
Die Zahl steht für die Größe/Qualität der Toleranz.
Die genauen Werte der Abmaße können berechnet werden bzw. für ausgewählte Toleranzfelder werden sie Tabellen entnommen.

c) Allgemeintoleranzen DIN ISO 2768-1

Enthält eine Zeichnung Maße, die nicht durch Abmaße oder Toleranzklassen toleriert sind, so unterliegen diese der Allgemeintoleranz, wenn dies auf der Zeichnung, in der Nähe des Schriftfeldes, vermerkt ist.
Die Allgemeintoleranzen sind abhängig vom Nennmaß und einer von vier Toleranzklassen. Das obere und untere Abmaß haben den gleichen Betrag.

DIN ISO 2768-m oder
Allgemeintoleranz DIN ISO 2768-m

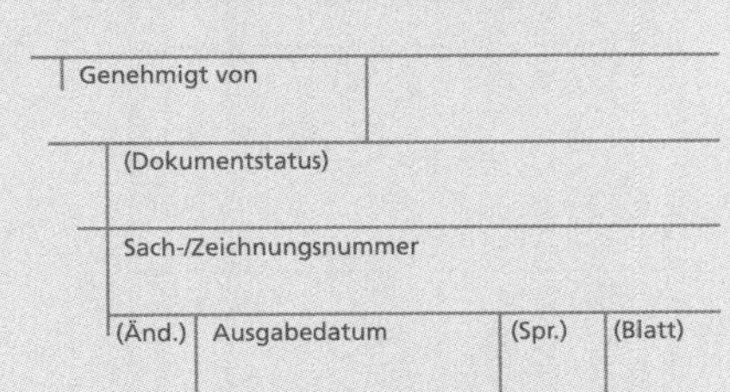

Auszug aus DIN ISO 2768-1

Toleranzklasse	Grenzabmaße für Nennmaßbereich in mm			
	0,5 bis 3	über 3 bis 6	über 6 bis 30	über 30 bis 120
f (fein)	±0,05	±0,05	±0,1	±0,15
m (mittel)	±0,1	±0,1	±0,2	±0,3
c (grob)	±0,2	±0,3	±0,5	±0,8
v (sehr grob)	–	±0,5	±11	±1,5

DIN 406-12 DIN ISO 286 DIN ISO 2768-1	Toleranzangaben 1	Name		
		Klasse	Datum	4.7

1. **Bemaßen Sie das „Außenmaß 50" mit dem Abmaß –0,1 mm.**

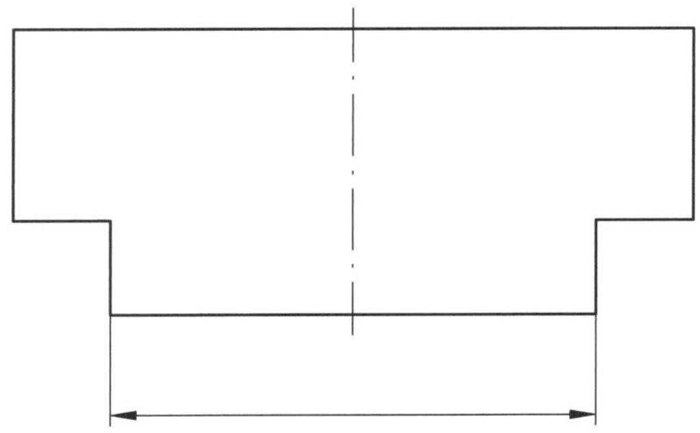

4. **Der Zapfendurchmesser 25 ist mit h10, der Durchmesser 35 mit j6 zu tolerieren.**

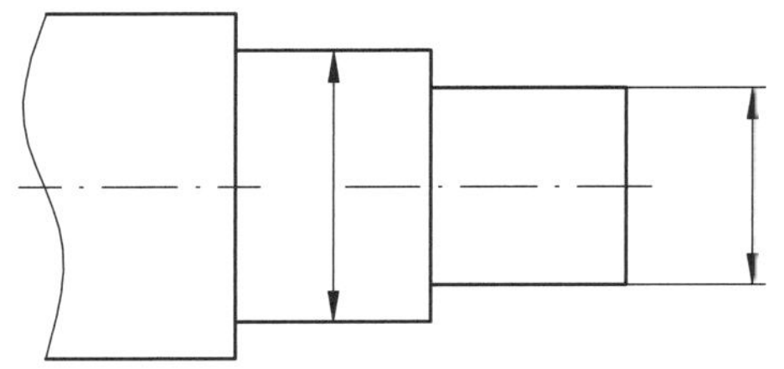

2. **Bemaßen Sie das „Innenmaß 50" mit dem Abmaß +0,2 mm.**

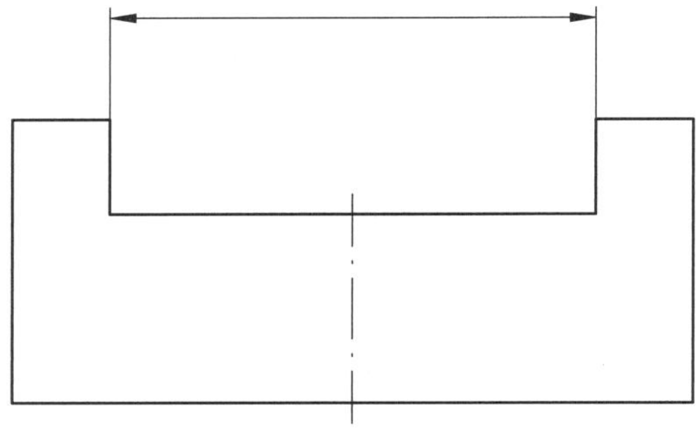

5. **Die Ausdrehungen sind wie folgt zu tolerieren: ∅ 35 mit H7 und ∅ 45 mit E10.**

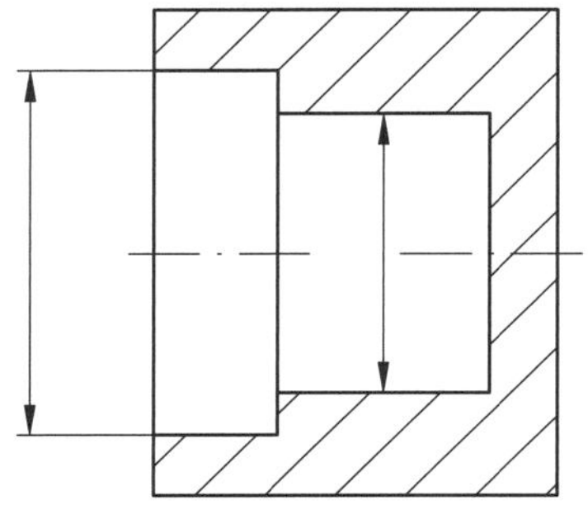

3. **Bemaßen Sie von der Bezugsebene (= Planfläche) aus: Maß 25, Abmaß 0,1 mm**
   Maß 50, Abmaße +0,2 und –0,1.

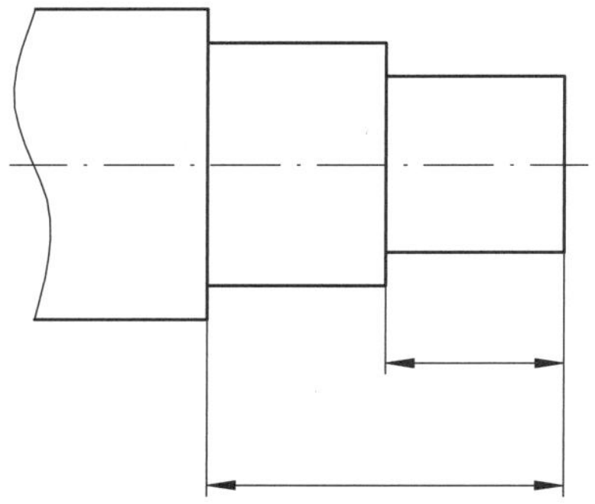

6. **Geben Sie zu den folgenden Nennmaßen die jeweiligen Abmaße nach der Allgemeintoleranz an:**

DIN ISO 2768 Toleranzklasse	Nennmaß mm	Abmaße mm
m	24	________
c	105	________
f	1,5	________
v	30	________
v	30,1	________
m	85	________

7. **Bemaßen Sie die Stufenwelle entsprechend den Vorgaben:**

Nennmaß	Abmaße/Toleranzklasse
∅ 10	g8
∅ 20	–
∅ 30	–
15	+0,1/0
40	+0,3/0
130	–
Allgemeintoleranz mittel	

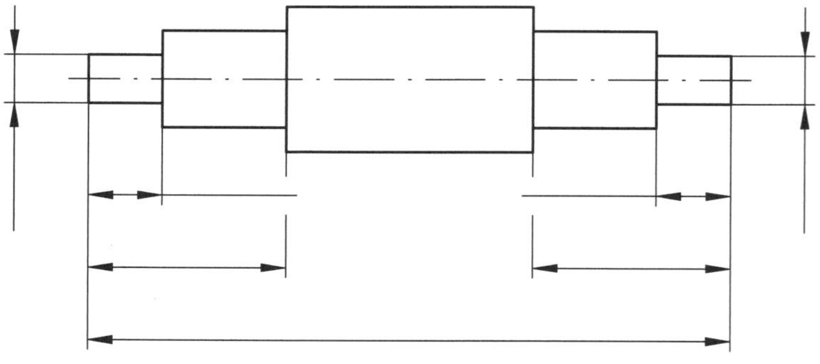

DIN 406-12 DIN ISO 286 DIN ISO 2768-1	Toleranzangaben 2	Name		
		Klasse	Datum	**4.8**

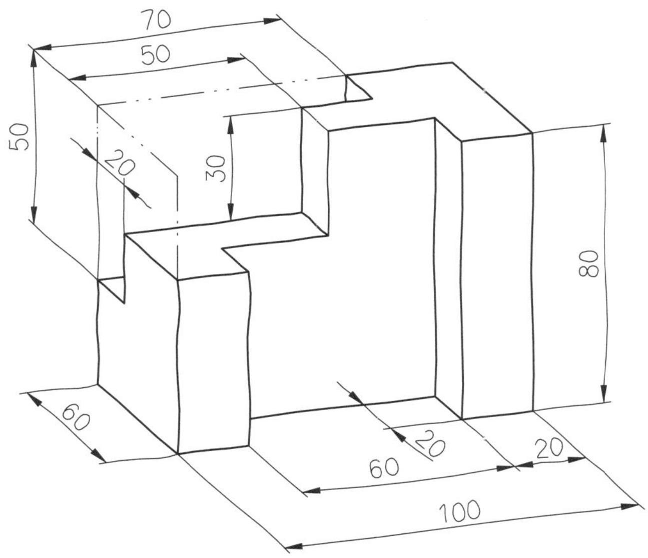

gesucht: Vorderansicht, Seitenansicht und Draufsicht im Maßstab 1:2 mit funktionsbezogener Bemaßung.

gegeben: Anschlag
Werkstoff: C35E
Anlieferungszustand gefräst
Deck- und Grundflächen geschliffen nach *Ra* = 12,5 µm

Hinweis:
Für eine einwandfreie Funktion des Anschlags werden folgende Abmaße festgelegt:
Nut 60 × 20: Toleranzklasse H7
Anschlaghöhe 80: Abmaß –0,1
Anschlagbreite 100: Abmaß ±0,1
Maße ohne Toleranzangabe nach DIN ISO 2768 m.

(Verantw. Abt.)	(Technische Referenz)	Erstellt durch	Genehmigt von	
		Dokumentart Zeichnung	(Dokumentstatus)	
		Titel Funktionsbezogene Bemaßung – Anschlag	Sach-/Zeichnungsnummer	
			(Änd.) Ausgabedatum (Spr.)	(Blatt) **4.9**

1. **Bemaßen Sie den Zylinder.**

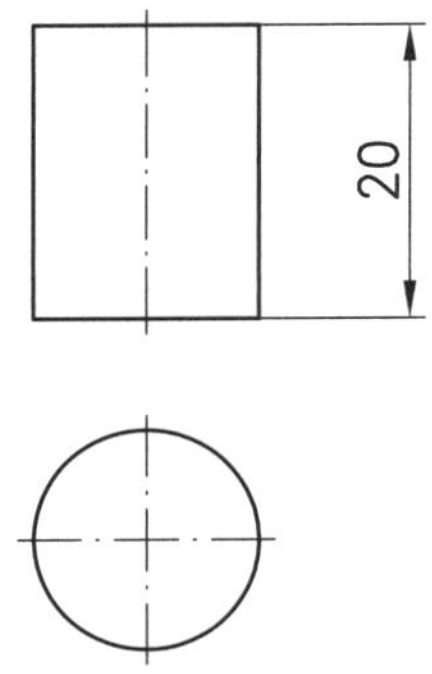

2. **Bemaßen Sie den Spitzkegel.**

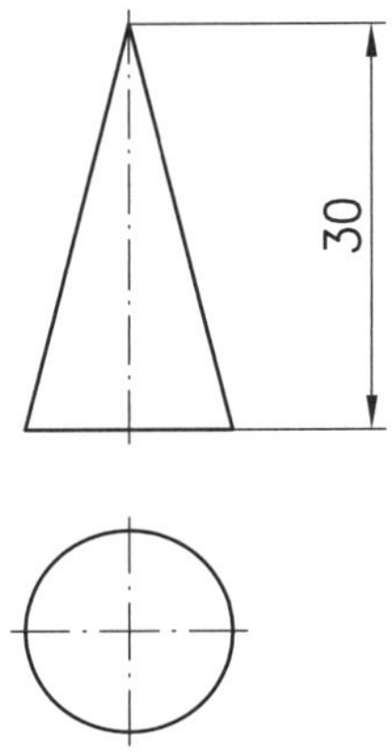

3. **Bemaßen Sie den Kegelstumpf.**

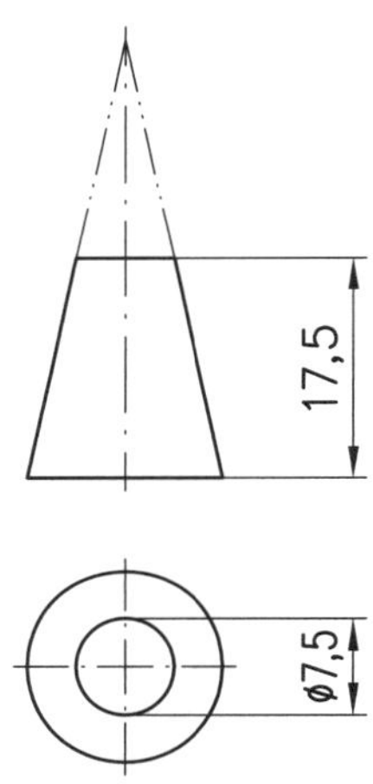

4. **Bemaßen Sie den Zylinder.**

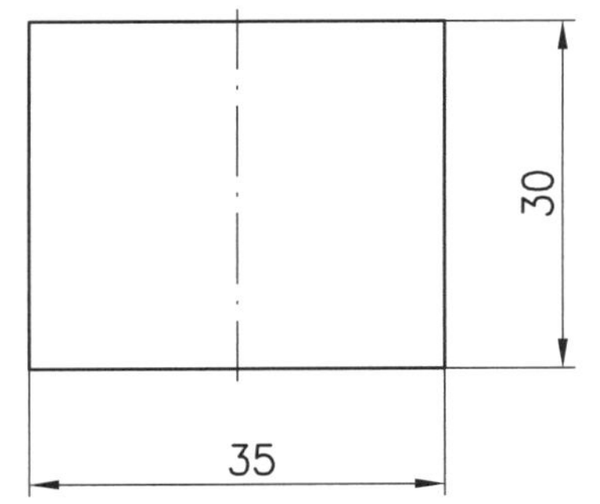

5. **Bemaßen Sie den Spitzkegel.**

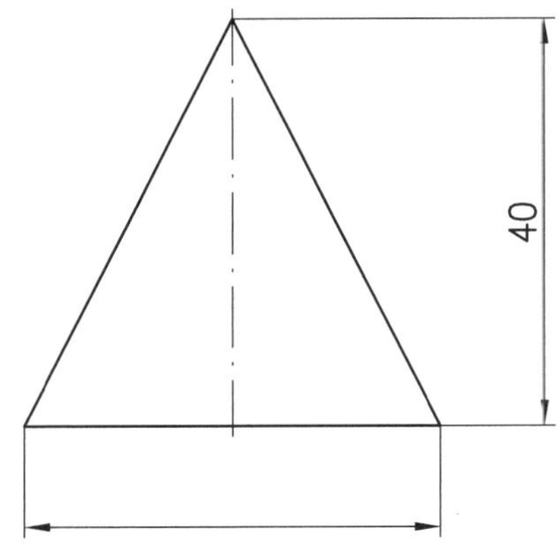

6. **Bemaßen Sie den Kegelstumpf.**

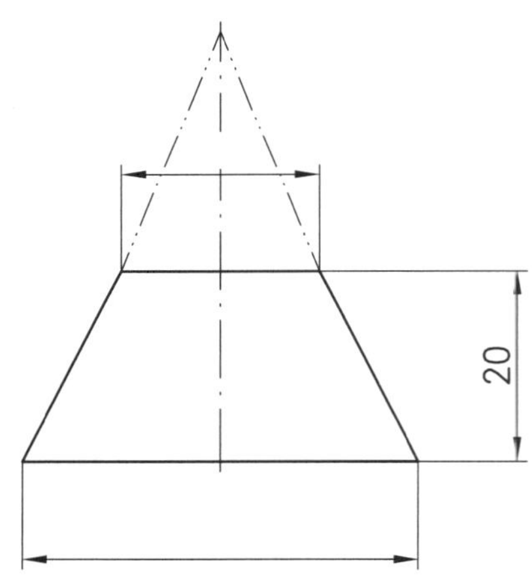

Informationen

1. Eine Kreisfläche ist möglichst in der Ansicht zu bemaßen, in der sie als Kreis sichtbar ist.
2. Eine ganze Kreisform enthält das Durchmesserzeichen (∅) und die Maßzahl.
3. Durchmessermaße sind möglichst in derselben Ansicht einzutragen.
4. Das Durchmesserzeichen steht als Kennzeichen der Kreisform in gleicher Höhe vor der Maßzahl.
5. Das Durchmesserzeichen ist ein Kreis mit einem Schrägstrich von 75° zur Waagerechten.
6. Größe des Durchmesserkreises ≙ 7/10 der Maßzahl.
   Gesamthöhe ≙ Höhe der Maßzahl.
   Linienbreite wie Maßzahl.

DIN 406-11	Bemaßung von Durchmessern	Name		
		Klasse	Datum	4.10

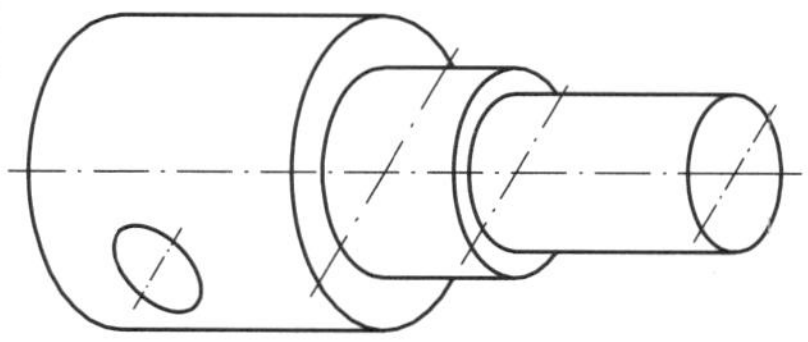

gesucht: Arbeitsplan, fertigungsbezogene Bemaßung
gegeben: Führungsbolzen ∅ 50 × 112
Werkstoff 9S20
∅ 20 und ∅ 30 mit *Ra* = 3,2 mm,
übrige Flächen mit *Ra* = 6,3 mm.
Bohrung ∅ 15H7
Allgemeintoleranz DIN ISO 2768-m
Fehlende Maße sind dem Umriss des Drehteils zu entnehmen.

a) Vervollständigen Sie die fertigungsbezogene Bemaßung des Drehteils.

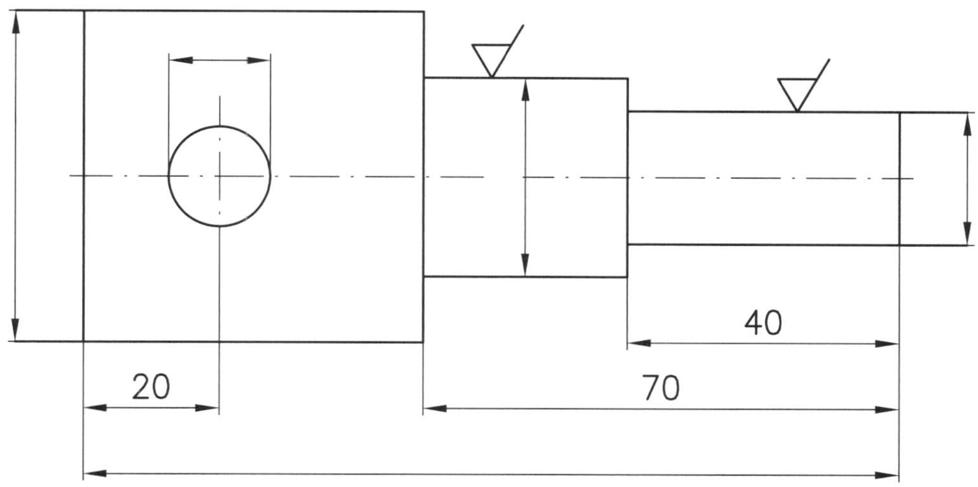

b) Arbeitsplan
Der Führungsbolzen soll auf einer konventionellen Werkzeugmaschine gefertigt werden.
Geben Sie die Arbeitsgänge in Fertigungsfolge sowie die erforderlichen Werkzeuge und Prüfmittel an. Bei der Arbeitsplanung sind Allgemeintoleranzen, Fertigungsdaten und Vorgaben zur Arbeitssicherheit zu berücksichtigen.

Lfd. Nr.	Arbeitsgänge	Werkzeugmaschine/ Werkzeuge/Prüfmittel
1		
2		
3		
4		
5		
6		
7		
8		

(Verantw. Abt.)	(Technische Referenz)	Erstellt durch	Genehmigt von	
		Dokumentart Zeichnung	(Dokumentstatus)	
		Titel Bemaßung von Durchmessern – Führungsbolzen	Sach-/Zeichnungsnummer	
			(Änd.) Ausgabedatum (Spr.)	(Blatt) **4.11**

1. Ordnen Sie die Wertepaare den Koordinaten zu.

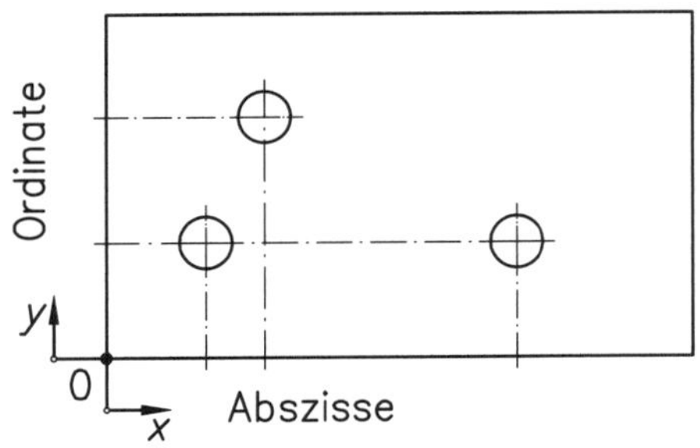

Punkt	P_1	P_2	P_3
x/y	70/80	300/80	120/180

4. Übertragen Sie die Wertepaare aus Aufgabe 1 als Tabellenbemaßung.

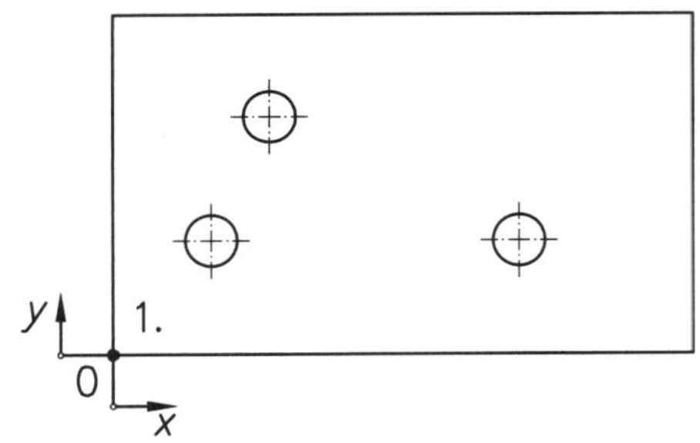

Pos. Nr.	x	y	Bohr-⌀
1.1	70	80	40
1.2	300	80	
1.3	120	180	

2. Tragen Sie die fehlenden Maße als Zuwachsbemaßung nach (Kettenbemaßung).

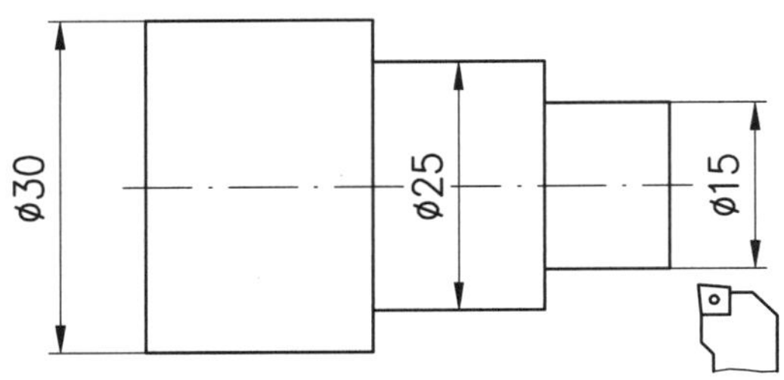

5. Bemaßen Sie die Bohrungen als Zuwachsbemaßung (Kettenbemaßung).

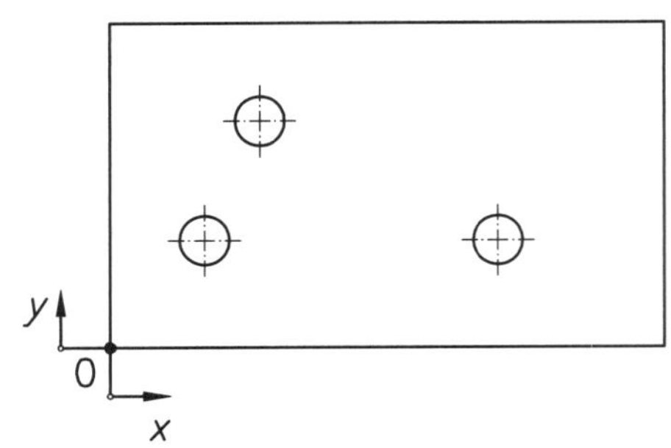

3. Tragen Sie die fehlenden Maße als Bezugsbemaßung nach.

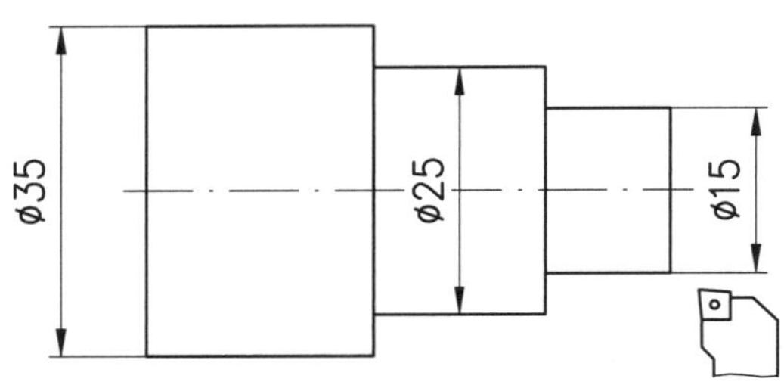

6. Bemaßen Sie die Bohrungen als Bezugsbemaßung (absolute Bemaßung).

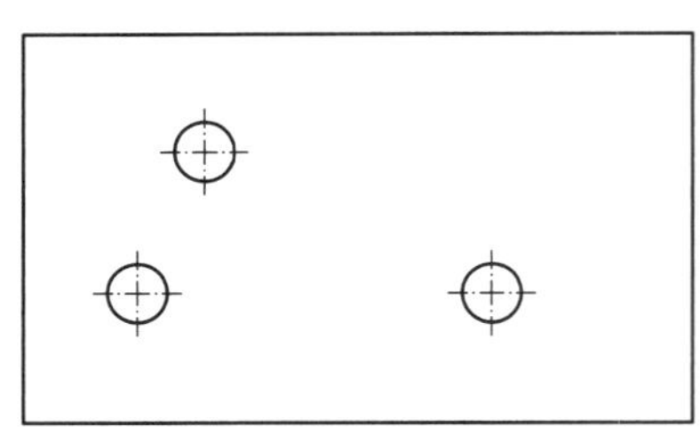

Informationen

1. Im kartesischen Koordinatensystem wird jedes Maß durch ein Zahlenpaar festgelegt.
2. Bei der Zuwachsbemaßung sind die Zuwächse auf den vorangegangenen Punkt bezogen.
3. Bei der Bezugsbemaßung sind die Maße auf die Bezugsebene bezogen.
4. Bei der Tabellenbemaßung wird jedes Maß einer Positionsnummer zugeordnet.
5. Bei der Zuwachsbemaßung wird jedes Maß als Kettenmaß gemessen.
6. Bei der Bezugsbemaßung wird jedes Maß vom Ausgangspunkt gemessen.

DIN 406-11	Bemaßungsarten	Name		
		Klasse	Datum	4.12

gesucht: prüfbezogene Bezugsbemaßung (steigende Bemaßung)
Der Durchmesser 40 ist als Prüfmaß zu kennzeichnen.

gegeben: Achse, sauber im Gesenk geglättet
Werkstoff: C45+C
Stirnseitig *Ra* = 6,3 µm, Prüfmaß *Ra* = 1,6 µm (materialabtragend), DIN ISO 2768-f
Die Maße sind dem Umriss zu entnehmen.

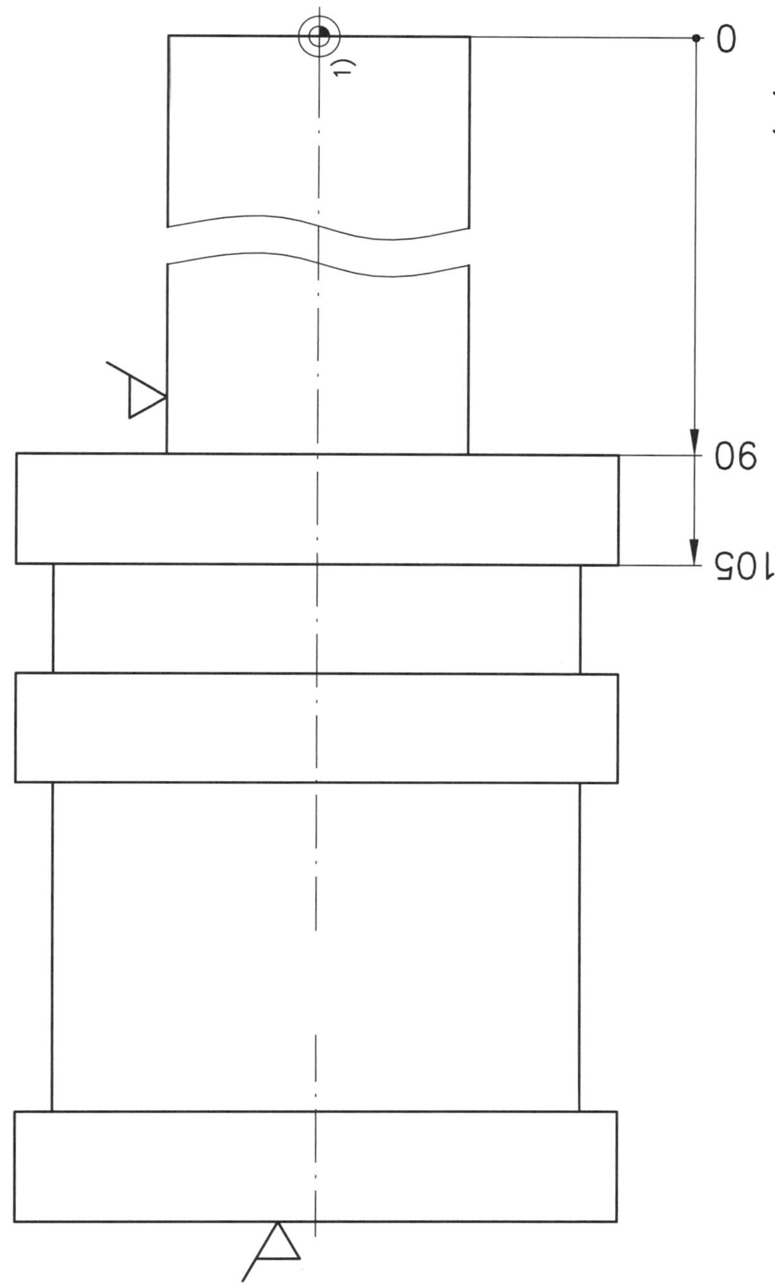

1) ⊕ Werkstücknullpunkt = Nullpunkt des Werkstück-Koordinatensystems

(Verantw. Abt.)	(Technische Referenz)	Erstellt durch	Genehmigt von	
		Dokumentart Zeichnung	(Dokumentstatus)	
		Titel Bemaßungsarten – Achse	Sach-/Zeichnungsnummer	
			(Änd.) Ausgabedatum (Spr.)	(Blatt) **4.13**

1. **Zylinderabflachung**

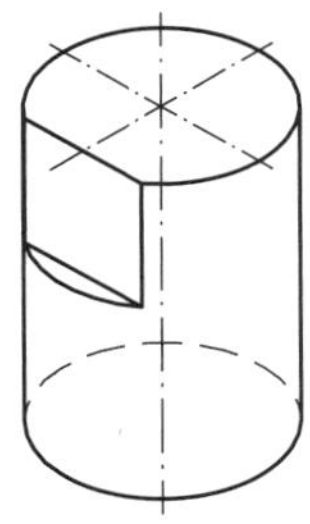

4. **Zylinderausschnitt**

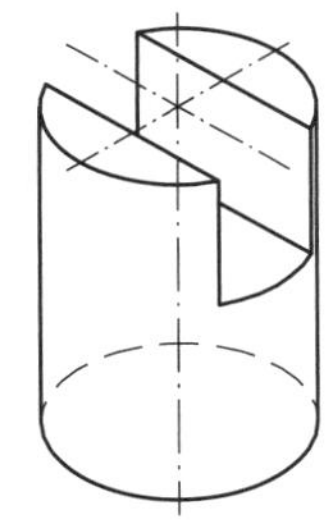

2. **Übertragen Sie die Schnittkanten.**

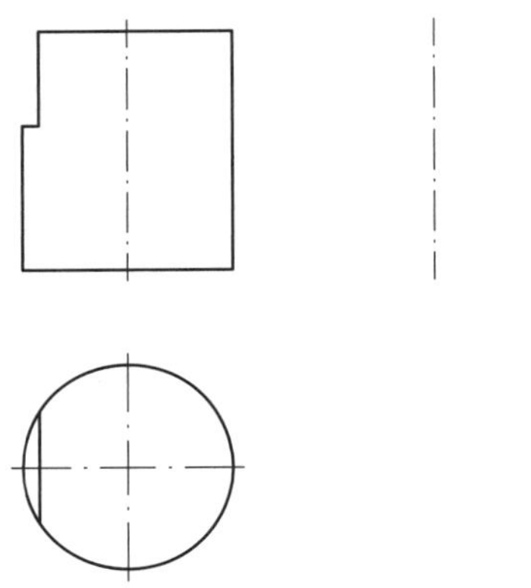

5. **Projizieren Sie die Schnittkanten.**

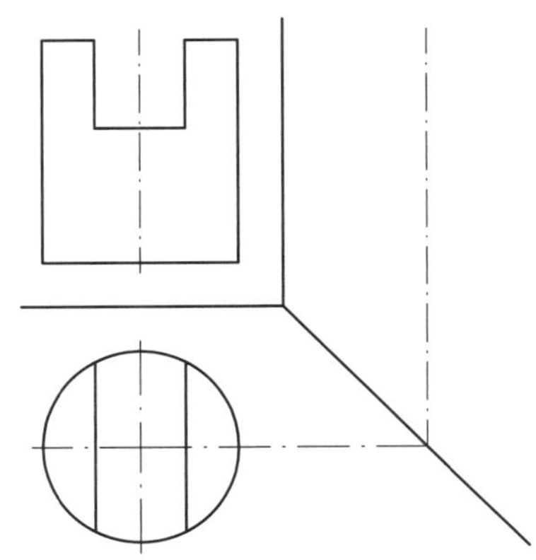

3. **Projizieren Sie die Schnittkanten.**

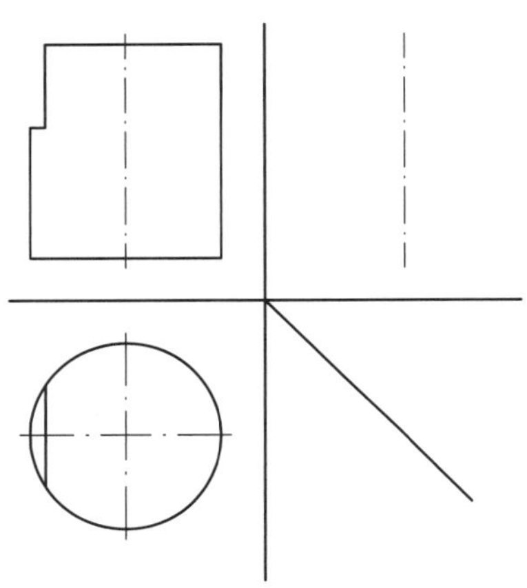

6. **Ergänzen Sie die Bemaßung.**

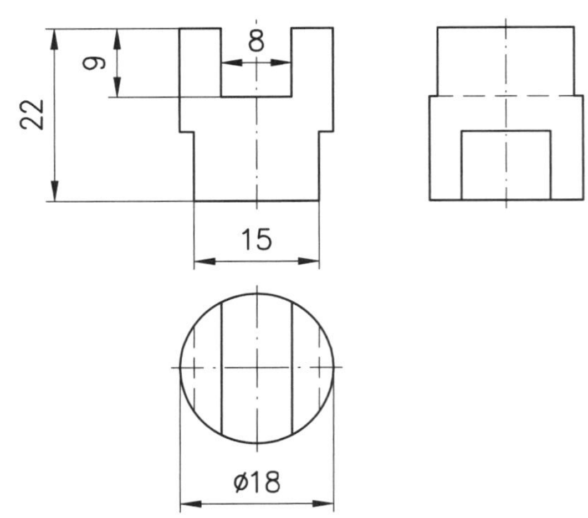

Informationen

1. Zylinderschnitte parallel zur Längsachse ergeben rechteckige Schnittflächen.
2. Die Breite der Schnittkanten ist aus der Draufsicht abzugreifen.
3. Die Projektion senkrechter Schnittkanten erfolgt aus der Draufsicht.
4. Zylinderschnitte rechtwinklig zur Längsachse ergeben Kreis- und Schnittflächen.
5. Die Projektion waagerechter Schnittkanten erfolgt aus der Vorderansicht.
6. Schnittkanten, die sich bei der Fertigung ergeben, werden nicht bemaßt.

	Achsparallele Schnitte am Zylinder 1	Name		
		Klasse	Datum	**4.14**

a) Ergänzen Sie jeweils die Draufsicht. **b)** Zeichnen Sie jeweils die zugehörige Seitenansicht.

1. Zylinder mit Längsnut

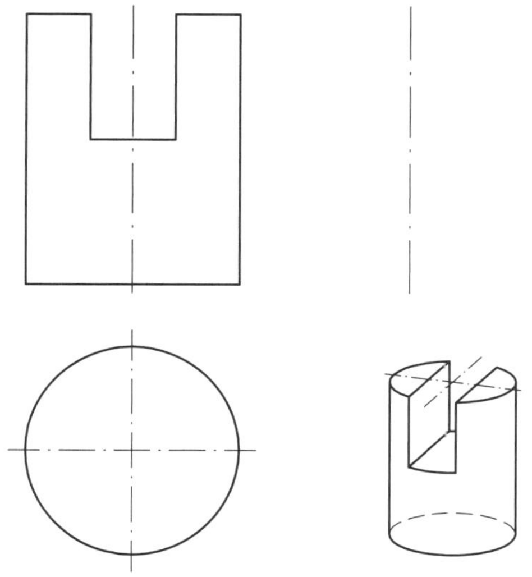

4. Abgesetzter Zylinder mit Längsnut

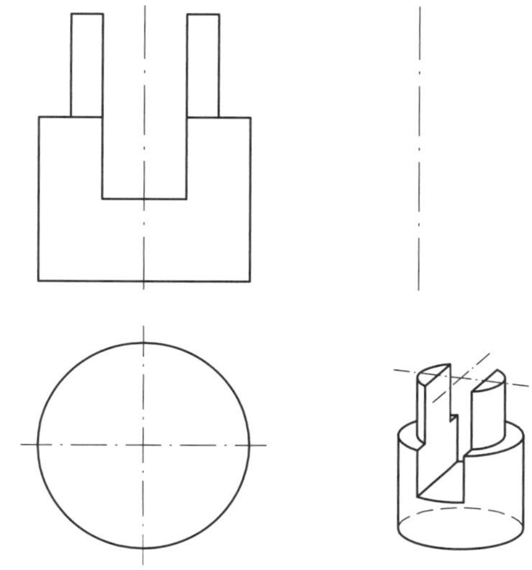

2. Zylinder mit Quernut

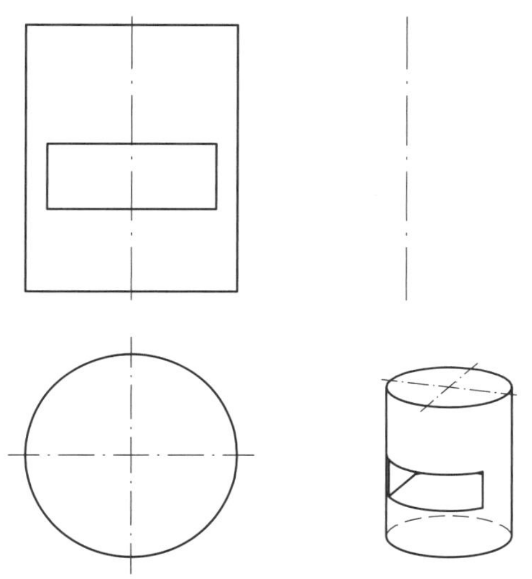

5. Abgeflachter Zylinder mit Quernut

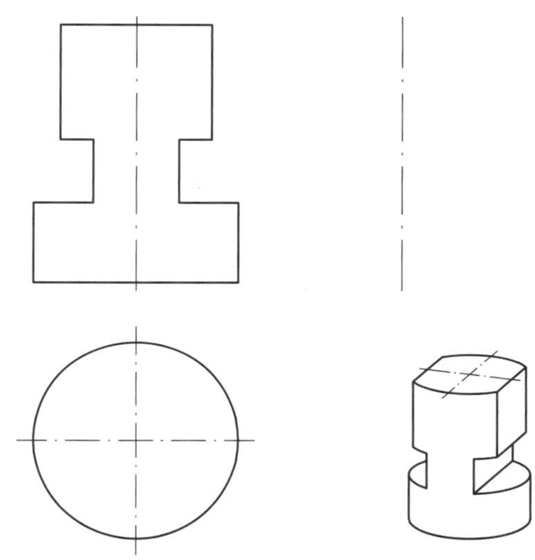

3. Zylinder mit Längs- und Quernut

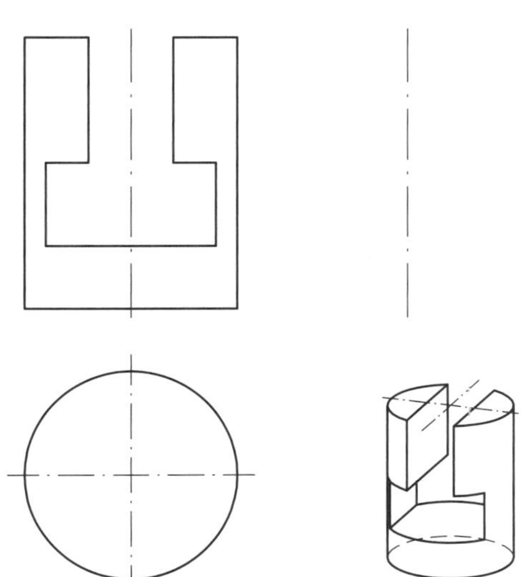

6. Hohlzylinder mit Längs- und Quernut

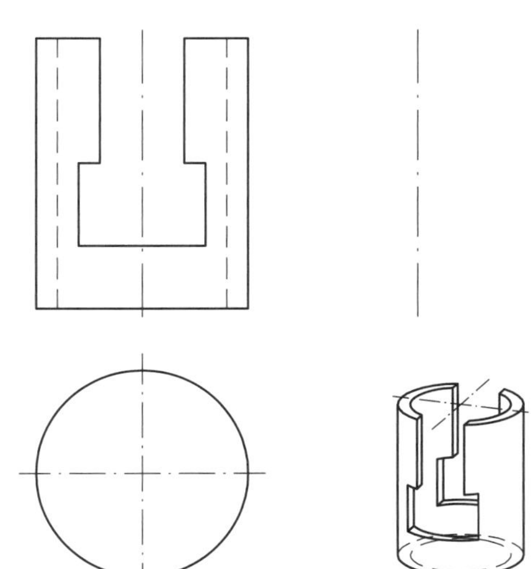

Achsparallele Schnitte am Zylinder 2	Name		
	Klasse	Datum	**4.15**

1. Bemaßen Sie die Vierkantsäule.

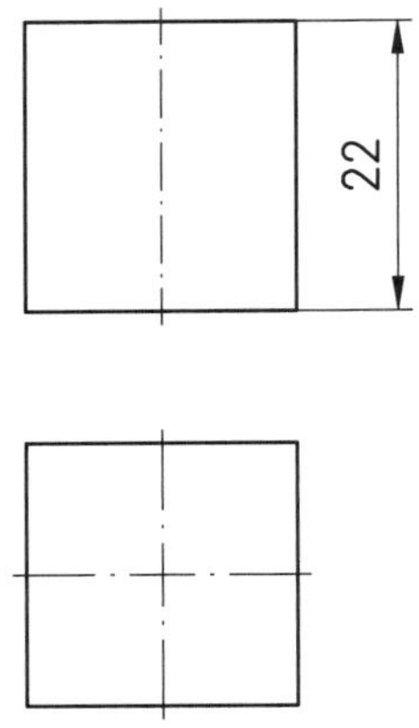

4. Bemaßen Sie die Vierkantsäule.

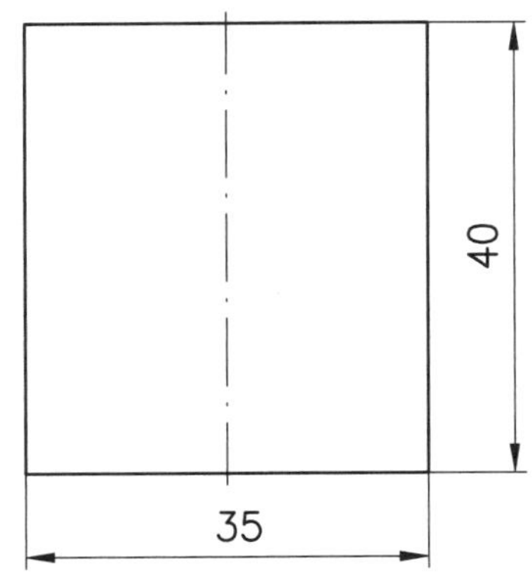

2. Bemaßen Sie die Spitzpyramide.

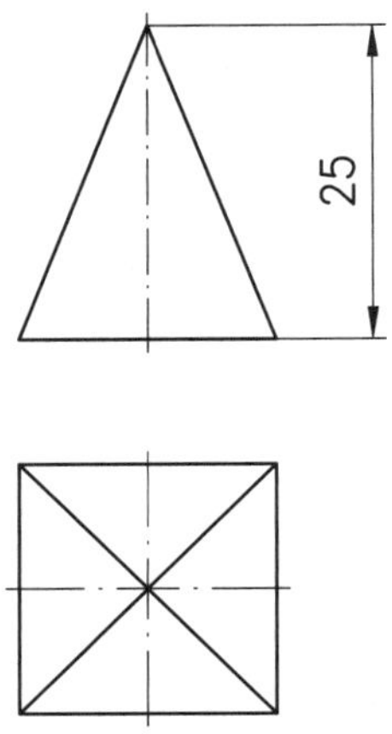

5. Bemaßen Sie die Spitzpyramide.

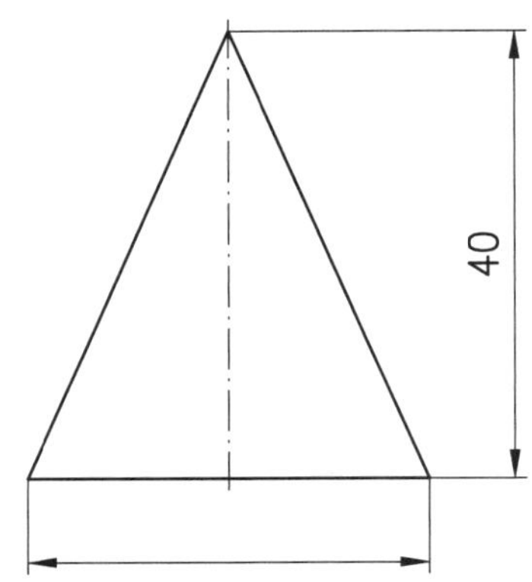

3. Bemaßen Sie die Stumpfpyramide.

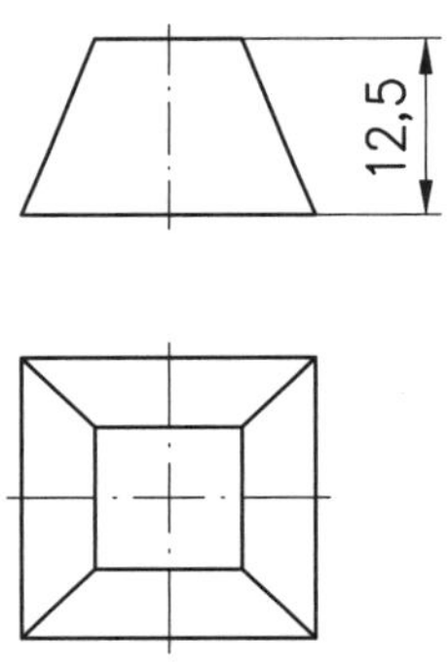

6. Bemaßen Sie die Stumpfpyramide.

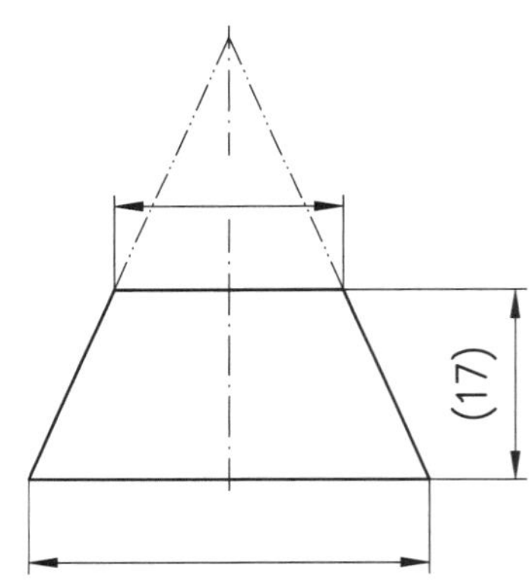

Informationen

1. Eine quadratische Fläche ist möglichst in der Ansicht zu bemaßen, in der sie als Quadrat sichtbar wird.
2. Eine quadratische Fläche ist nur an einer Seite zu bemaßen.
3. Quadratische Seitenlängen sind möglichst in einer Ansicht zu bemaßen.
4. Eine ebene vierseitig Fläche eines in einer Ansicht dargestellten Körpers ist durch ein Diagonalkreuz zu kennzeichnen.
5. Das Quadratzeichen steht als Kennzeichen der quadratischen Form in gleicher Höhe vor der Maßzahl.
6. Die Größe des Quadratzeichens entspricht 7/10 der Maßzahl; Linienbreite wie Maßzahl.

DIN 406-11	Quadratzeichen	Name		
		Klasse	Datum	**4.16**

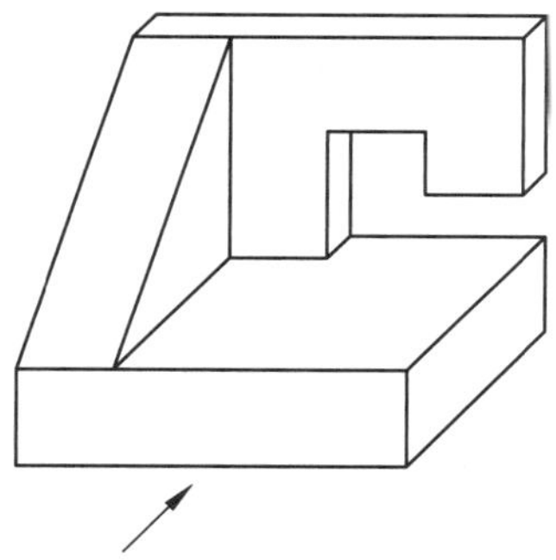

gesucht: Vorderansicht, Seitenansicht und Draufsicht im Maßstab 1:1 Bemaßung

gegeben: Spannplatte, im Maßstab 1:2
Werkstoff S275JR
materialabtragende Bearbeitung
Allgemeintoleranzen DIN ISO 2768-c

(Verantw. Abt.)	(Technische Referenz)	Erstellt durch	Genehmigt von	
	Dokumentart Zeichnung	(Dokumentstatus)		
	Titel Quadratzeichen – Spannplatte	Sach-/Zeichnungsnummer		
		(Änd.)	Ausgabedatum	(Spr.)	(Blatt) **4.17**

1. Kennzeichnen Sie die abgesetzte ebene Fläche normgerecht.

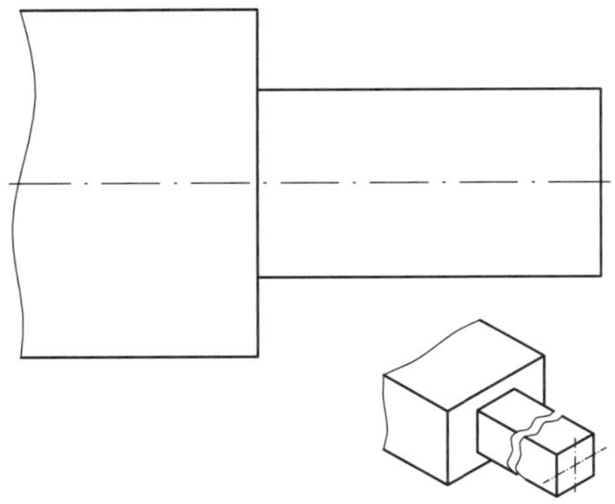

4. Ergänzen Sie die Darstellung.

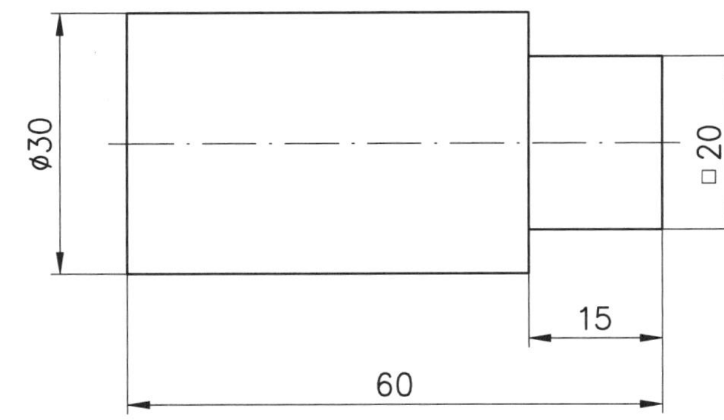

2. Ergänzen Sie die Pyramidenstumpfdarstellung normgerecht.

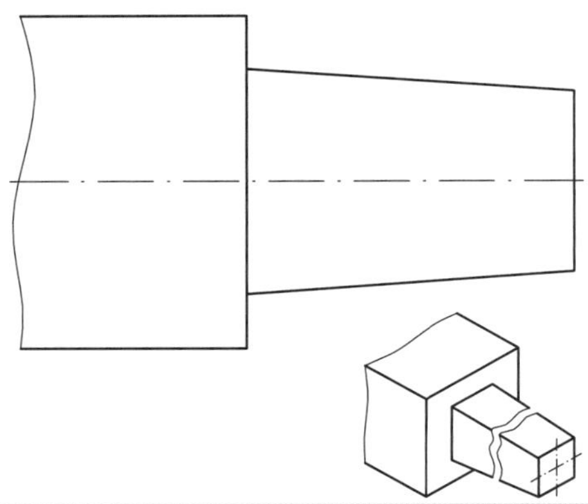

5. Ergänzen Sie die Darstellung normgerecht.

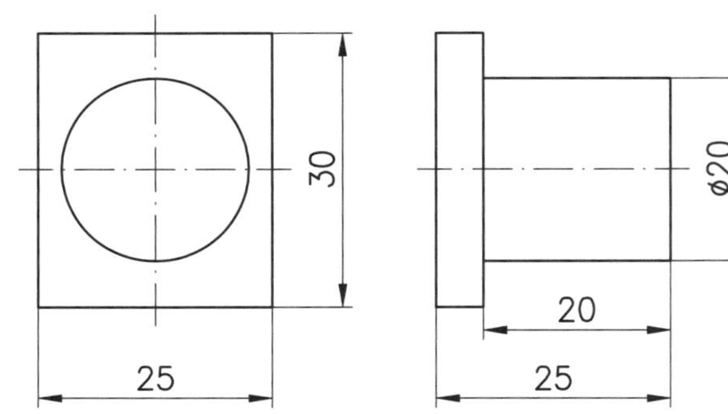

3. Vervollständigen Sie die Wellenabflachung normgerecht.

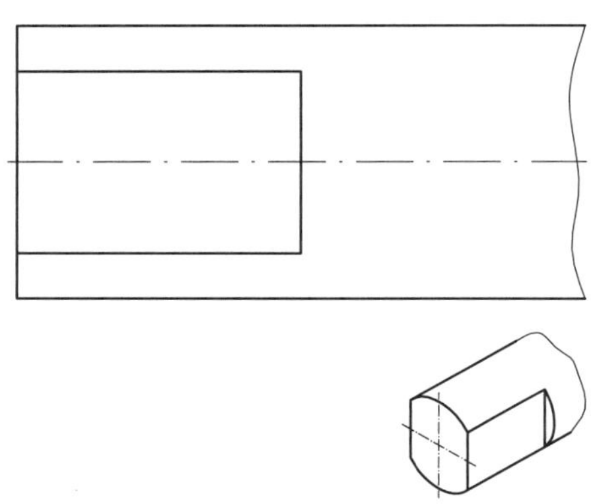

6. Vervollständigen Sie die Wellenabflachung normgerecht.

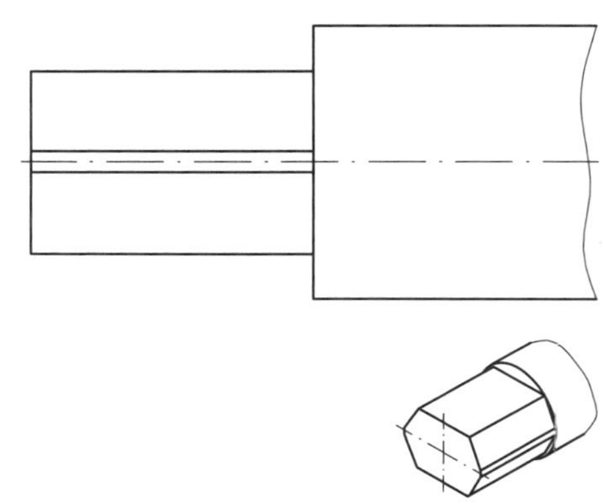

Informationen

Das Diagonalkreuz

1. kennzeichnet eine ebene vierseitige Fläche,
2. ist mit schmaler Volllinie zu zeichnen,
3. kennzeichnet besonders Schlüsselflächen an Drehkörpern,
4. muss eingetragen werden, wenn die Fläche in einer Ansicht erscheint,
5. kann eingetragen werden, wenn die Fläche in zwei Ansichten erscheint,
6. ist für jede ebene vierseitige Fläche getrennt einzutragen; Linienbreite wie Maßlinie.

DIN 406-11	Diagonalkreuz	Name		
		Klasse	Datum	**4.18**

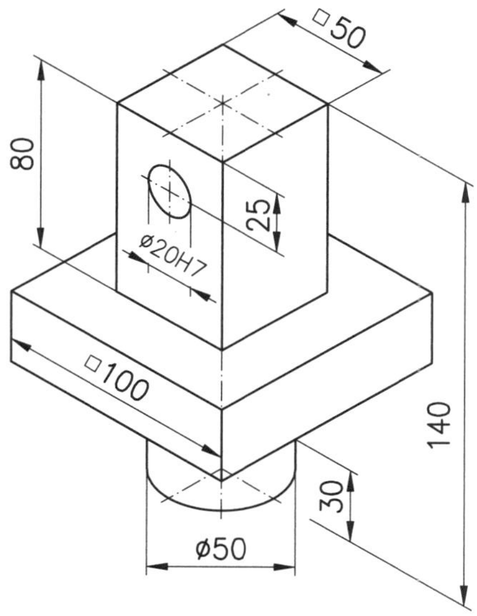

gesucht: Darstellung mit Bemaßung
im Maßstab 1:1

gegeben: Gleitstück
unmaßstäblich
materialabtragende Fertigung
Werkstoff 34CrMo4
Bohrung ∅ 20H7 mit *Ra* = 1,6 mm
Werkstück mit *Ra* = 12,5 mm
Allgemeintoleranzen DIN ISO 2768-m

(Verantw. Abt.)	(Technische Referenz)	Erstellt durch	Genehmigt von			
	Dokumentart Zeichnung		(Dokumentstatus)			
	Titel Diagonalkreuz – Gleitstück		Sach-/Zeichnungsnummer			
			(Änd.)	Ausgabedatum	(Spr.)	(Blatt) 4.19

1. **Tragen Sie den Radius 20 ein.**

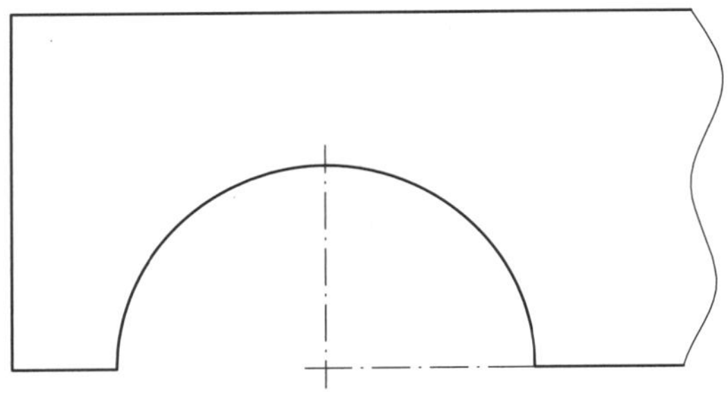

4. **Tragen Sie den Radius 25 an.**

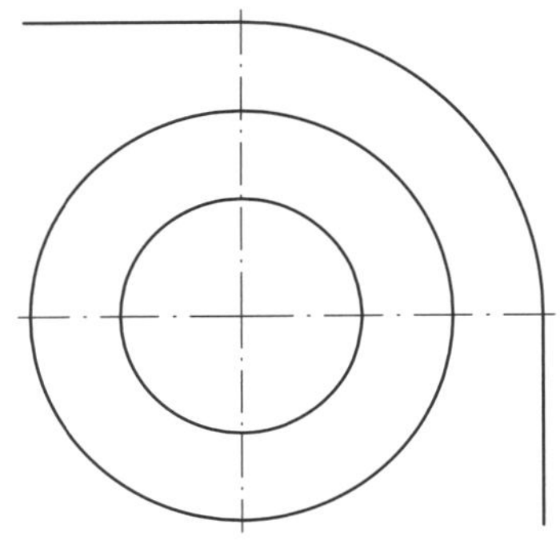

2. **Tragen Sie den Radius 15 ein.**

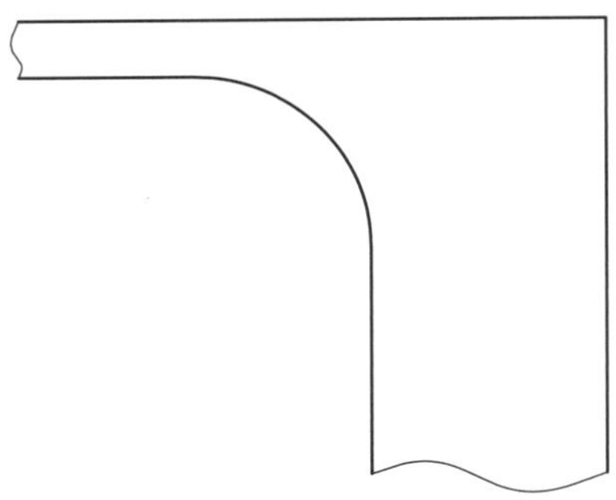

5. **Tragen Sie den Radius 100 ein.**

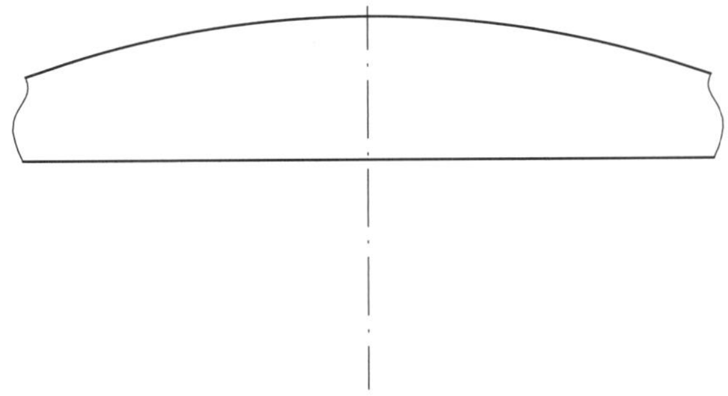

3. **Bemaßen Sie die Kuppe mit dem Radius 40.**

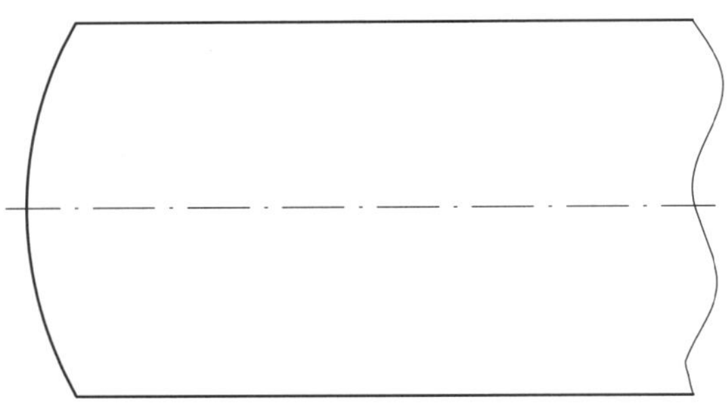

6. **Legen Sie den Radius 100 maßlich fest.**

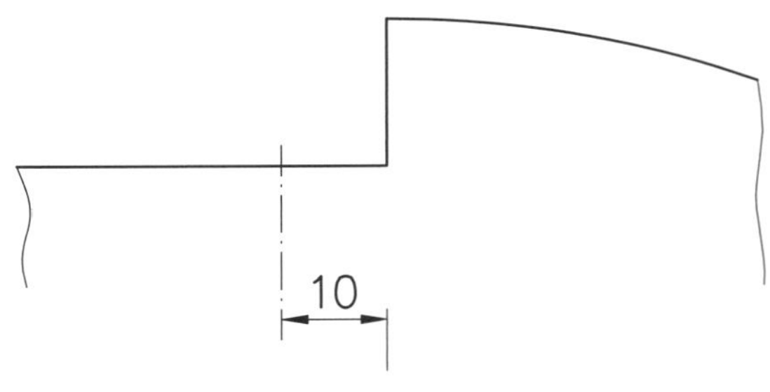

Informationen

1. Halbmesser erhalten nur einen Maßpfeil. Der Maßpfeil steht möglichst innen am Kreisbogen.
2. Alle Halbmesser sind stets durch ein vorangesetztes großes R zu kennzeichnen.
3. Die Kennzeichnung des Mittelpunkts erfolgt nur bei Bedarf durch ein Mittellinienkreuz.
4. Bei Platzmangel kann der Maßpfeil außen am Kreisbogen stehen.
5. Die Maßlinie ist auf den wirklichen Mittelpunkt zu richten.
6. Soll bei großem Halbmesser der Mittelpunkt maßlich festgelegt werden, so ist die Maßlinie rechtwinklig zu knicken.

DIN 406-11	Halbmesser	Name		
		Klasse	Datum	**4.20**

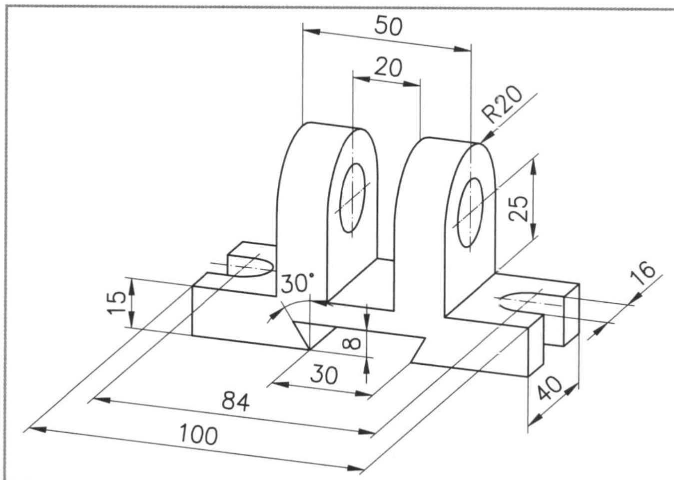

gesucht: a) Vorderansicht und Draufsicht (Maßstab 1:1)
b) Seitenansicht (Maßstab 1:1)
c) Bemaßung

gegeben: Lagerbock
unmaßstäblich
Werkstoff E360
Standfläche *Ra* = 6,3 mm
Trapezführung *Ra* = 1,6 mm
Bohrung ∅ 20H7
Allgemeintoleranz DIN ISO 2768-m

(Verantw. Abt.)	(Technische Referenz)	Erstellt durch	Genehmigt von		
		Dokumentart Zeichnung	(Dokumentstatus)		
		Titel Halbmesser – Lagerbock	Sach-/Zeichnungsnummer		
			(Änd.)	Ausgabedatum	(Spr.) / (Blatt) 4.21

1. Welches Zeichenelement ist das Maßbezugselement für symmetrische Werkstücke?

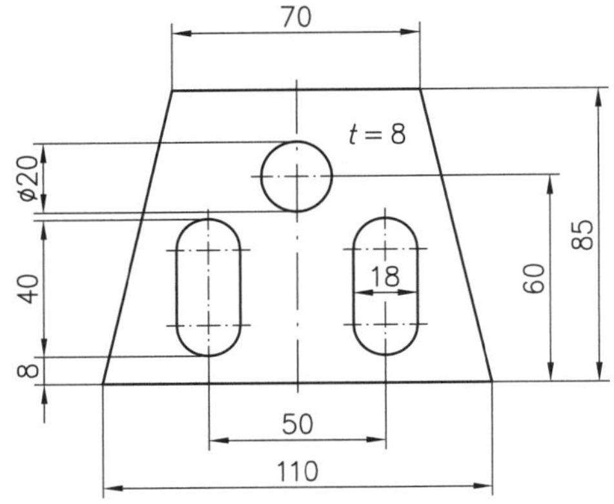

- ☐ a) linke untere Ecke
- ☐ b) Mittellinie
- ☐ c) Oberkante
- ☐ d) Unterkante
- ☐ e) Mitte Unterkante

2. Welches Maß ist falsch eingetragen?

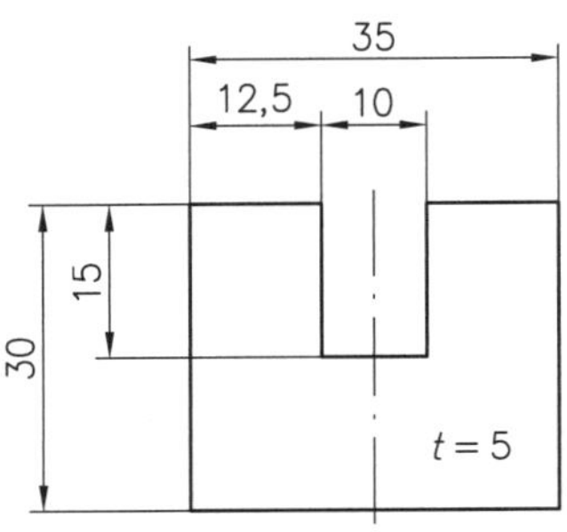

- ☐ a) *t* = 8
- ☐ b) 15
- ☐ c) 10
- ☐ d) 12.5

3. Welches Maß ist falsch eingetragen?

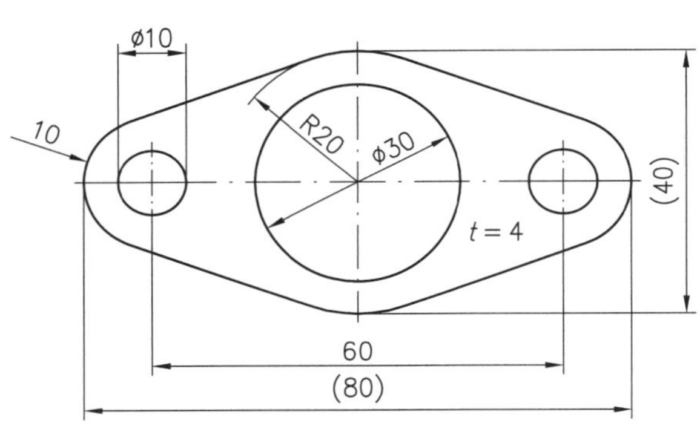

- ☐ a) R20
- ☐ b) (40)
- ☐ c) 10
- ☐ d) ∅ 30

4. Die Koordinatentabelle ist zu ergänzen.

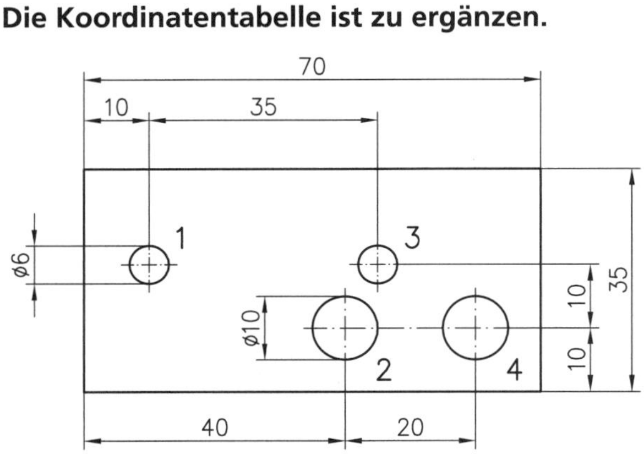

Pos.	X	Y	d
1	____	____	____
2	____	____	____
3	____	____	____
4	____	____	____

DIN 406-11	Bemaßung	Name	
		Klasse	Datum
			4.22

1. **Tragen Sie den Schnittwinkel ein.**

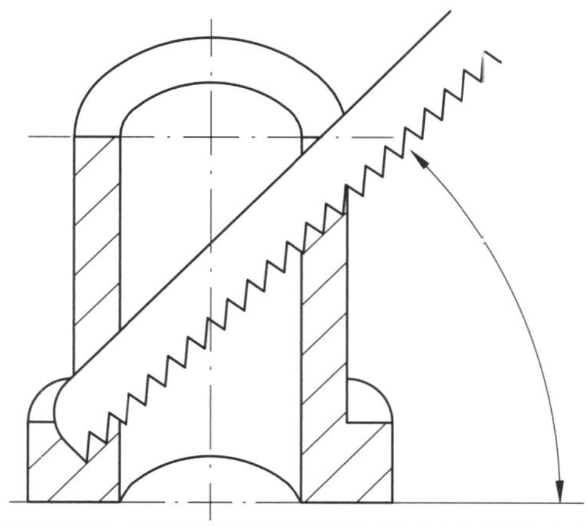

4. **Schraffieren Sie die Schnittflächen der Hülse (2) und der Platte (3).**

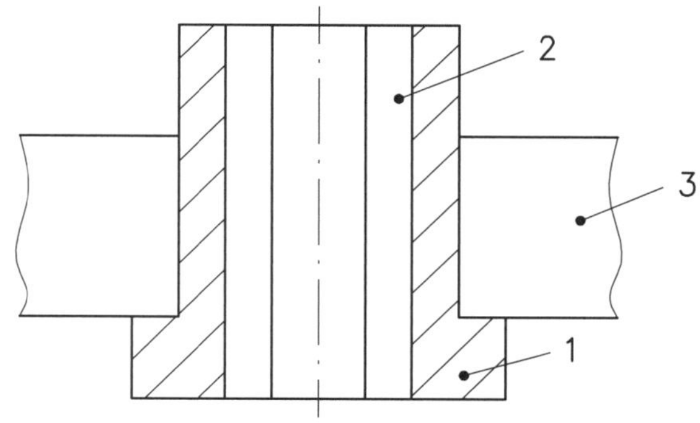

2. **Schraffieren Sie die Schnittfläche der Buchse.**

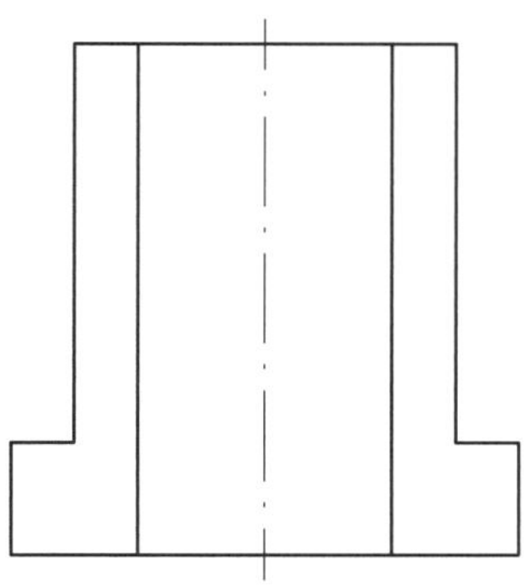

5. **Zeichnen Sie normgerecht eine Hülse von 1,5 mm Wandstärke ein.**

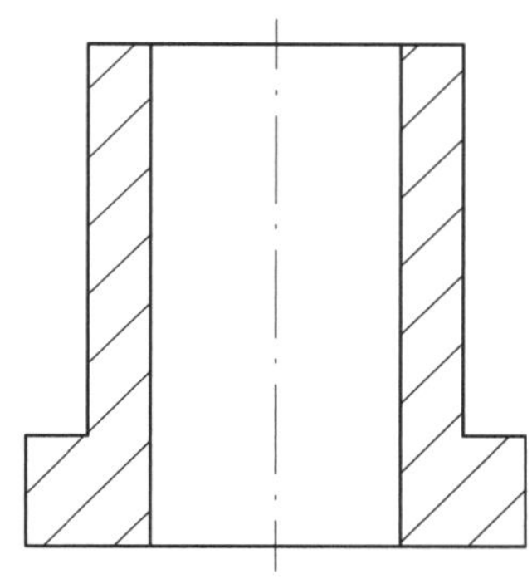

3. **Schraffieren Sie die Schnittfläche der Hülse (2).**

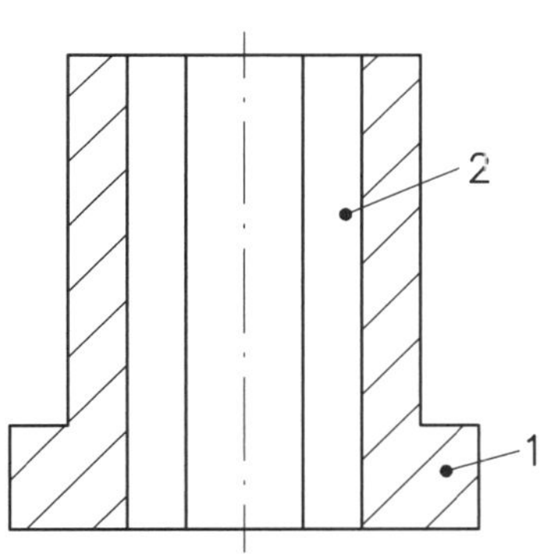

6. **Schraffieren Sie normgerecht die schräg liegende Buchse.**

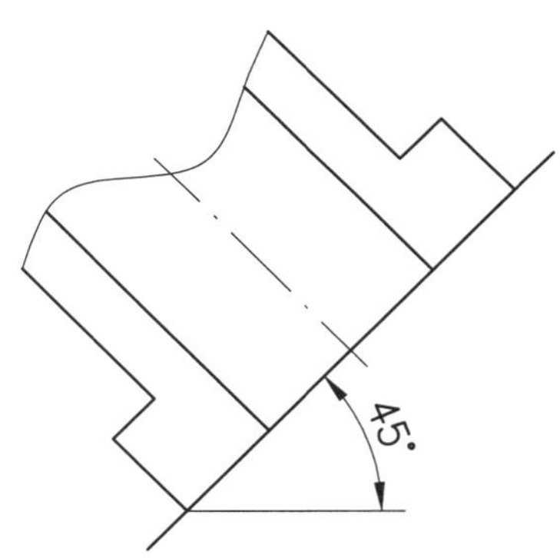

Informationen

1. Ein Schnitt ist das gedachte Zerteilen eines Körpers unter 45° zur Grundfläche.
2. Die Schnittfläche wird mit schmalen Volllinien schraffiert.
3. Zwei angrenzende Schnittflächen erhalten entgegengesetzte Schraffuren.
4. Bei mehreren Schnittflächen unterscheiden sich die Schraffuren in Richtung und Abstand des Strichs.
5. Schmale Schnittflächen können geschwärzt werden.
6. Schräg liegende Schnittflächen sind in einem Winkel von 45° zur Grundebene zu schraffieren.

DIN ISO 128-40	Schnittflächen und Schraffuren	Name		
		Klasse	Datum	5.1

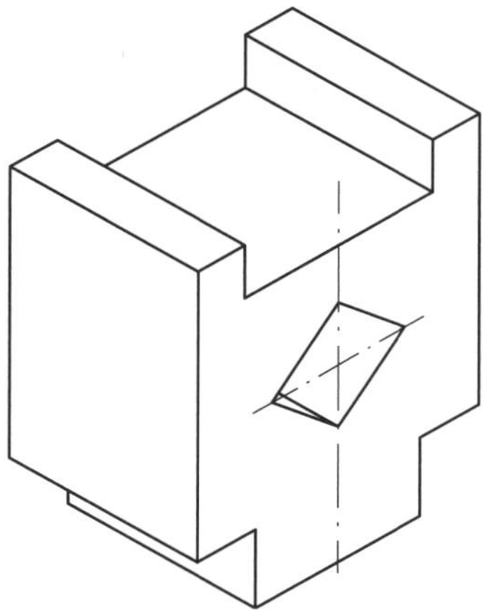

gesucht: a) Vorderansicht und Draufsicht (Maßstab 1:1)
b) Seitenansicht im Vollschnitt (Maßstab 1:1)
c) Bemaßung

gegeben: Führungsplatte
Maßstab 1:2
Werkstoff C15E
Führung 20 × 20
materialabtragende Bearbeitung
Allgemeintoleranz DIN ISO 2768-c

(Verantw. Abt.)	(Technische Referenz)	Erstellt durch	Genehmigt von	
		Dokumentart Zeichnung	(Dokumentstatus)	
		Titel Schnittflächen und Schraffuren – Führungsplatte	Sach-/Zeichnungsnummer	
			(Änd.) Ausgabedatum (Spr.)	(Blatt) **5.2**

1. Zeichnen Sie die Vorderansicht im Vollschnitt.

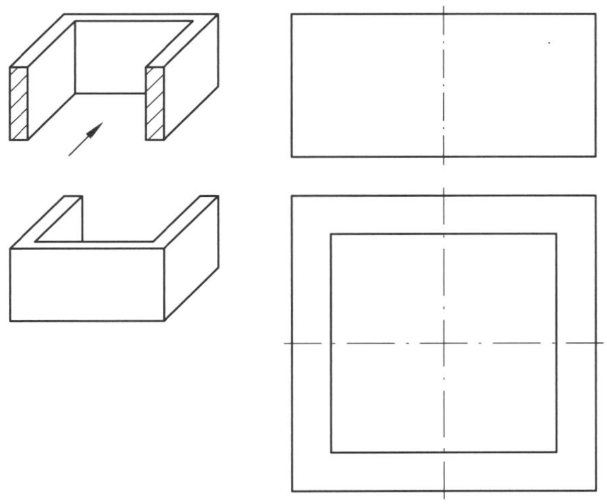

4. Bemaßen Sie die Ausbohrung normgerecht.

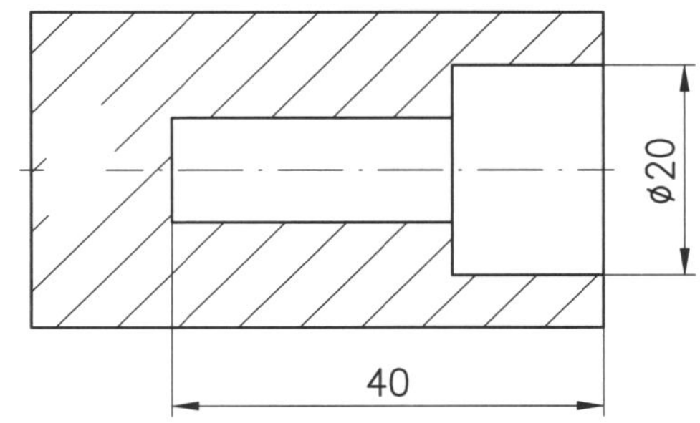

2. Zeichnen Sie die Buchse im Längsschnitt.

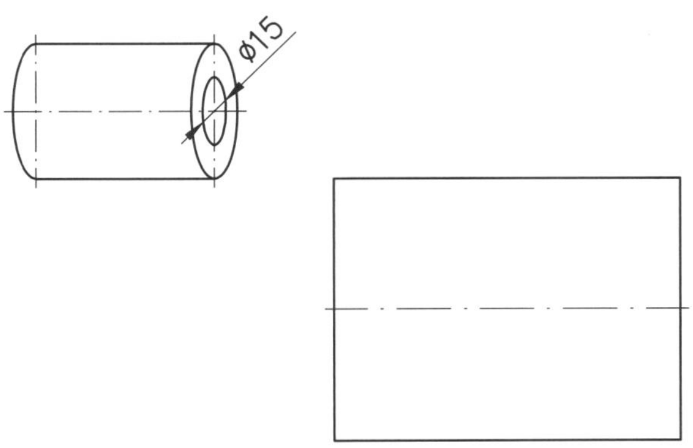

5. Zeichnen Sie den Drehkörper im Vollschnitt.

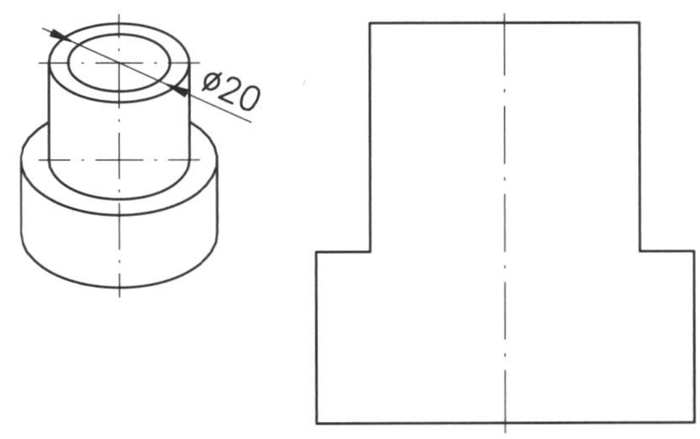

3. Zeichnen Sie die Welle im Querschnitt.

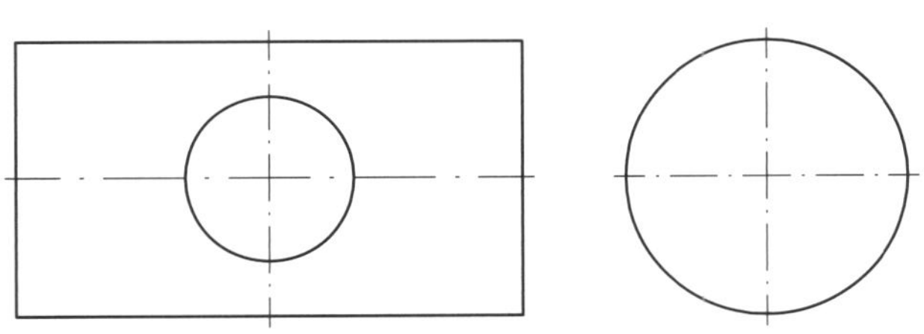

6. Zeichnen Sie die Vorderansicht im Schnitt.

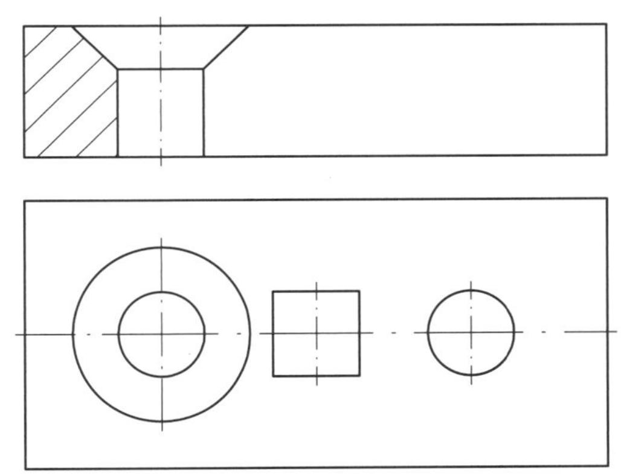

Informationen

1. Beim Vollschnitt denkt man sich die vordere Hälfte des Hohlkörpers weggeschnitten. Aus verdeckten Kanten werden sichtbare.
2. Ein Vollschnitt kann in Richtung der Längsachse gelegt werden (Längsschnitt).
3. Ein Vollschnitt kann auch quer zur Längsachse gelegt werden (Querschnitt).
4. Die Schraffur ist für Maßzahlen und Beschriftungen zu unterbrechen.
5. In der Schnittdarstellung werden verdeckte Körperkanten nicht gezeichnet.
6. Gleiche Schnittflächen sind gleichlaufend zu schraffieren.

DIN ISO 128-40	Vollschnitt	Name		
		Klasse	Datum	**5.3**

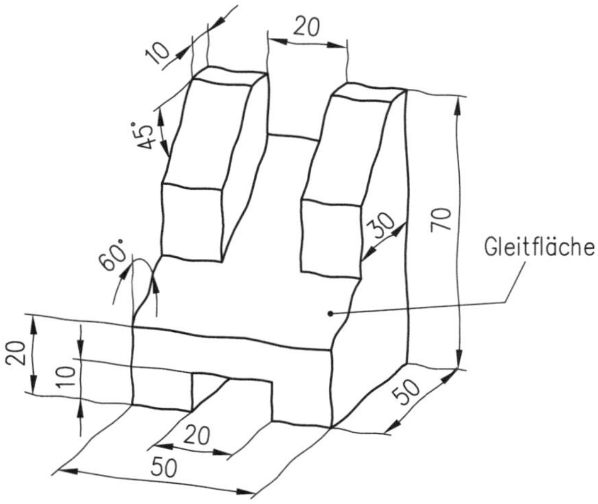

gesucht: a) Vorderansicht und Draufsicht (Maßstab 1:1)
b) Seitenansicht im Schnitt (Maßstab 1:1)
c) Bemaßung

gegeben: Gleitplatte
Skizze
Werkstoff C105U
Aussparung 20 × 10
materialabtragende Bearbeitung
Gleitfläche *Ra* = 0,5 mm
Allgemeintoleranz DIN ISO 2768-m

(Verantw. Abt.)	(Technische Referenz)	Erstellt durch	Genehmigt von	
		Dokumentart Zeichnung	(Dokumentstatus)	
		Titel Vollschnitt – Gleitplatte	Sach-/Zeichnungsnummer	
			(Änd.) Ausgabedatum (Spr.)	(Blatt) **5.4**

1. Zeichnen Sie die Vorderansicht im Halbschnitt.

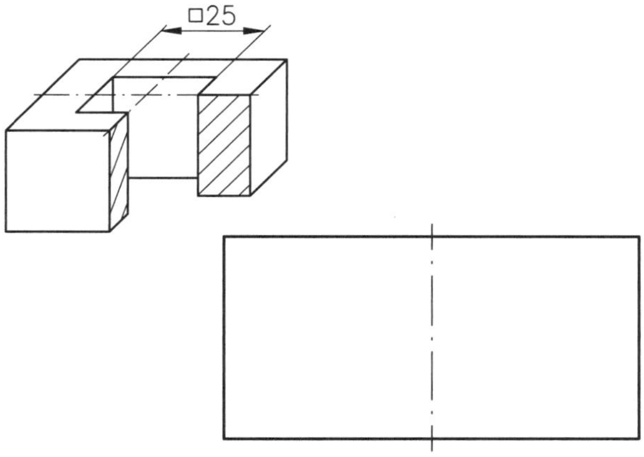

4. Zeichnen Sie die Vorderansicht im Halbschnitt.

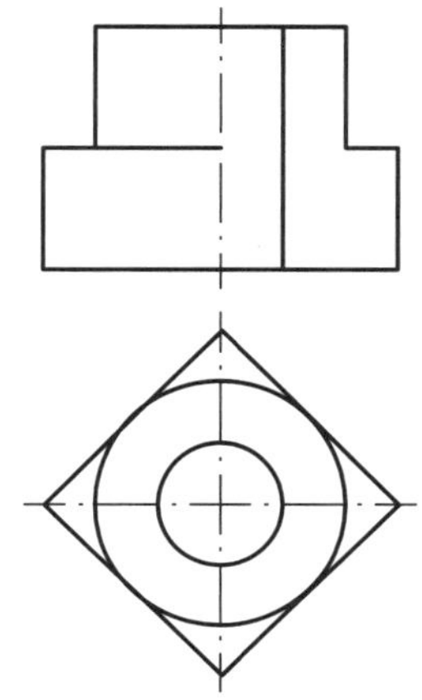

2. Zeichnen Sie die Buchse normgerecht im Halbschnitt.

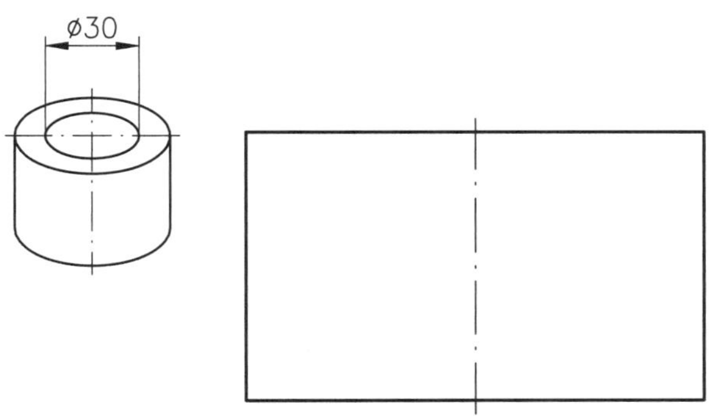

5. Zeichnen Sie das Drehteil normgerecht im Halbschnitt.

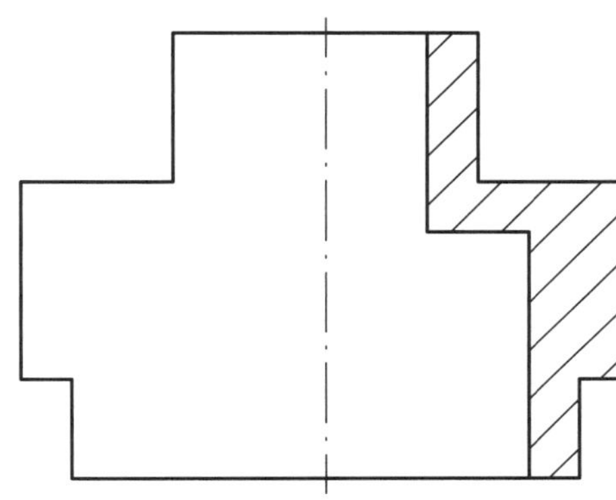

3. Zeichnen Sie die Buchse normgerecht im Halbschnitt.

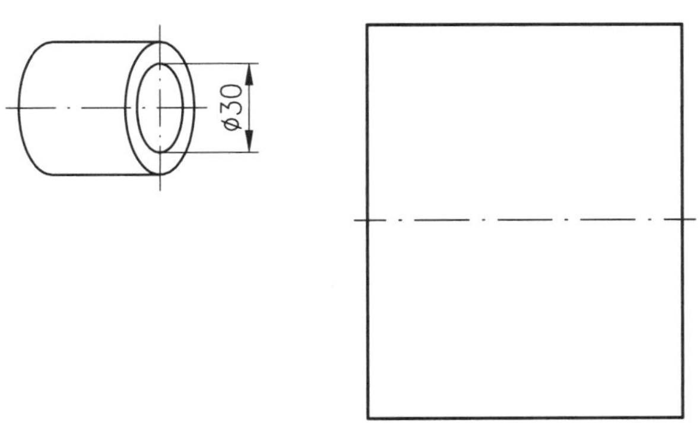

6. Tragen Sie für den Innendurchmesser das Maß 20 ein.

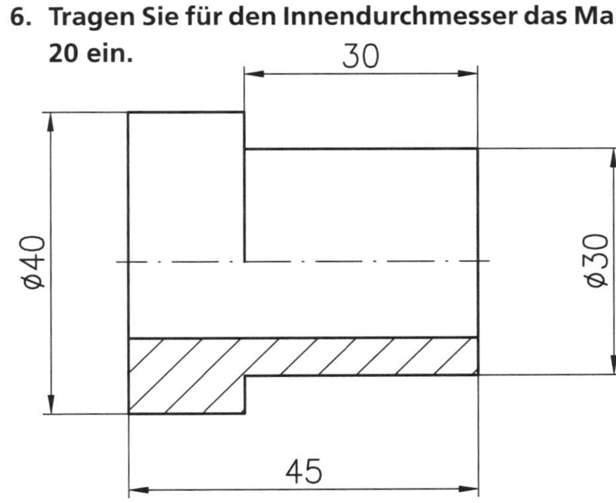

Informationen

1. Beim Halbschnitt erscheint die eine Hälfte im Schnitt, die andere in Ansicht. Die Trennlinie bildet die Mittellinie.
2. Bei senkrechter Mittellinie liegt die Schnitthälfte vorzugsweise rechts.
3. Bei waagerechter Mittellinie liegt die Schnitthälfte vorzugsweise unten.
4. Körperkanten, die auf der Mittellinie liegen, sind als Körperkanten einzuzeichnen.
5. Verdeckte Körperkanten werden nicht eingezeichnet (erforderlich nur zur Eindeutigkeit).
6. Die Maßlinien für Innenmaße erhalten beim Halbschnitt auf der Schnittseite nur einen Maßpfeil. Das freie Ende der Maßlinie überschreitet die Mittellinie.

DIN ISO 128-44	Halbschnitt 1	Name		
		Klasse	Datum	**5.5**

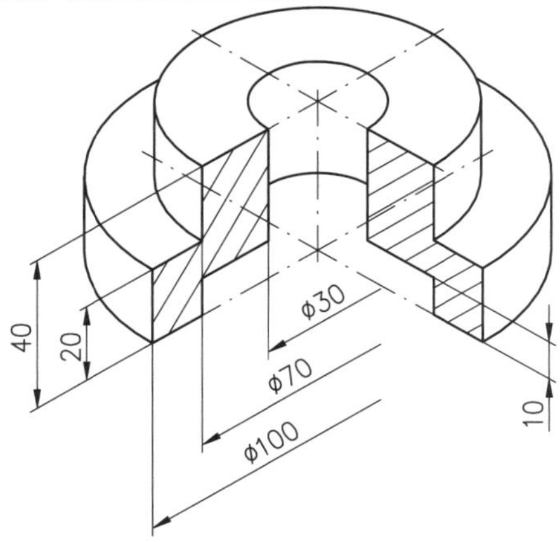

gesucht: Darstellung im Halbschnitt mit Bemaßung (Maßstab 1:1)

gegeben: Hülse
unmaßstäblich
Werkstoff C22+C
materialabtragende Bearbeitung
Bohrung geschliffen, *Ra* = 0,4 mm

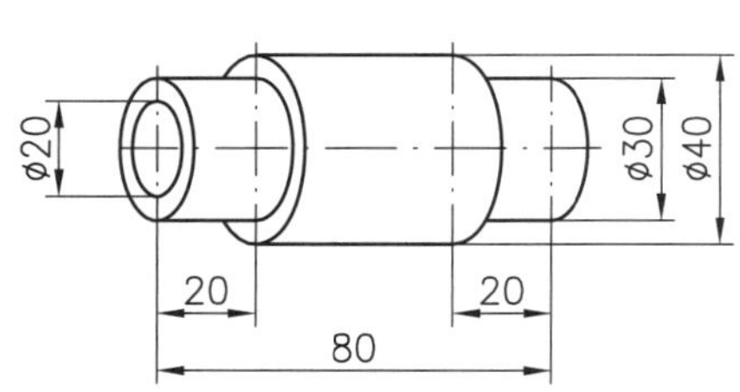

gesucht: Darstellung im Halbschnitt mit Bemaßung (Maßstab 1:1)

gegeben: Hülse
unmaßstäblich
Werkstoff C22+C
materialabtragende Bearbeitung
Bohrung gehont, *Ra* = 0,2 mm

DIN ISO 128-44	Halbschnitt 2	Name		
		Klasse	Datum	**5.6**

1. Ergänzen Sie den Schnittverlauf.

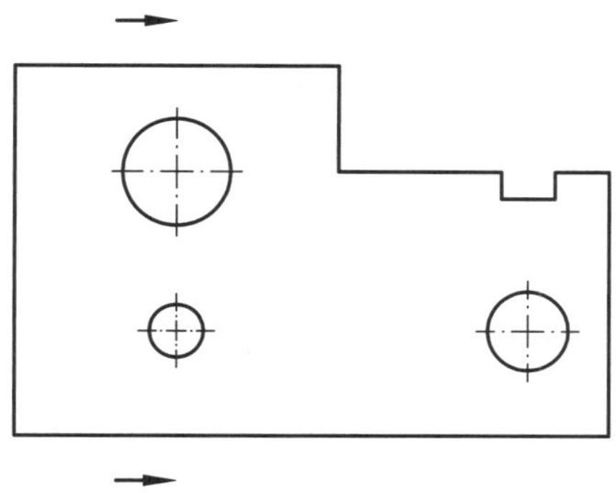

4. Ergänzen Sie die Schnittangabe.

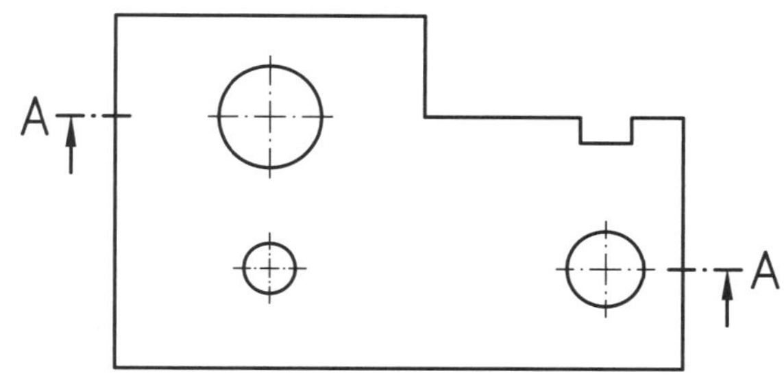

2. Kennzeichnen Sie die Blickrichtung.

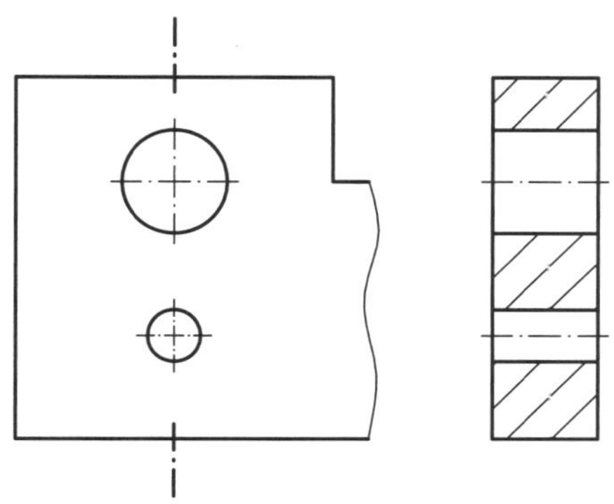

5. Ergänzen Sie den Schnittverlauf.

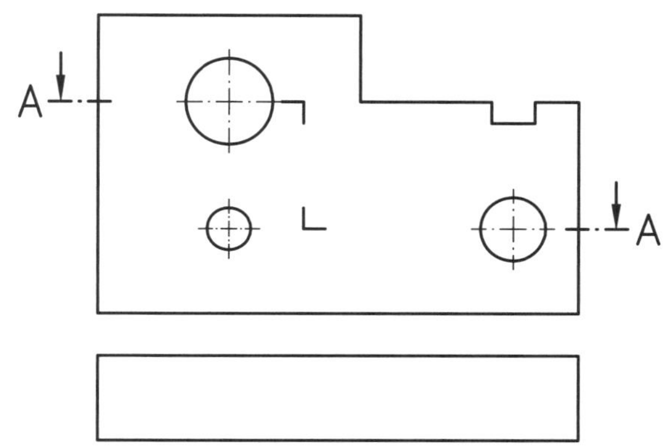

3. Ergänzen Sie die Schnittdarstellung.

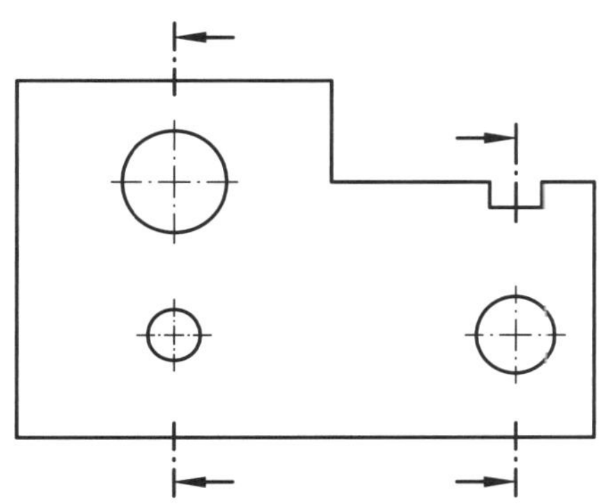

6. Ergänzen Sie die Schnittbezeichnung.

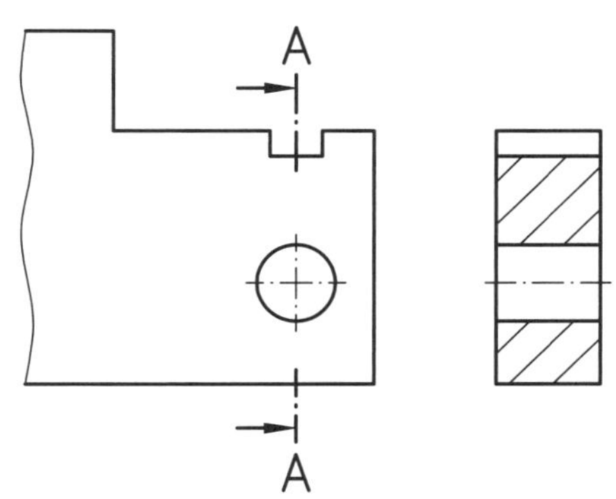

Informationen

1. Zur Kennzeichnung des Schnittverlaufs dienen kurze breite Strichpunktlinien, die etwa 3 mm in das Werkstück hineinragen.
2. Pfeile kennzeichnen die Blickrichtung. Länge der Pfeile ≈ 1,5 mm × Maßpfeillänge
3. Mehrere Schnitte am gleichen Werkstück sind durch jeweils zwei gleiche Großbuchstaben zu beschriften.
4. Ein Schnitt in mehreren Ebenen wird durch geknickte Schnittlinien gekennzeichnet.
5. Beim abknickenden Schnittverlauf liegen die Schnitte gedanklich in einer Ebene, sie werden durch zwei gleiche Großbuchstaben beschriftet.
6. Die Schnittangabe steht möglichst über der betreffenden Schnittansicht.

DIN ISO 128-44	Schnittverlauf	Name		
		Klasse	Datum	5.7

gesucht: a) Seitenansicht im Schnitt A-A (Maßstab 1:1)
b) Draufsicht im Schnitt B-B (Maßstab 1:1)

gegeben: Flanschlager
Werkstoff EN-GJL-250

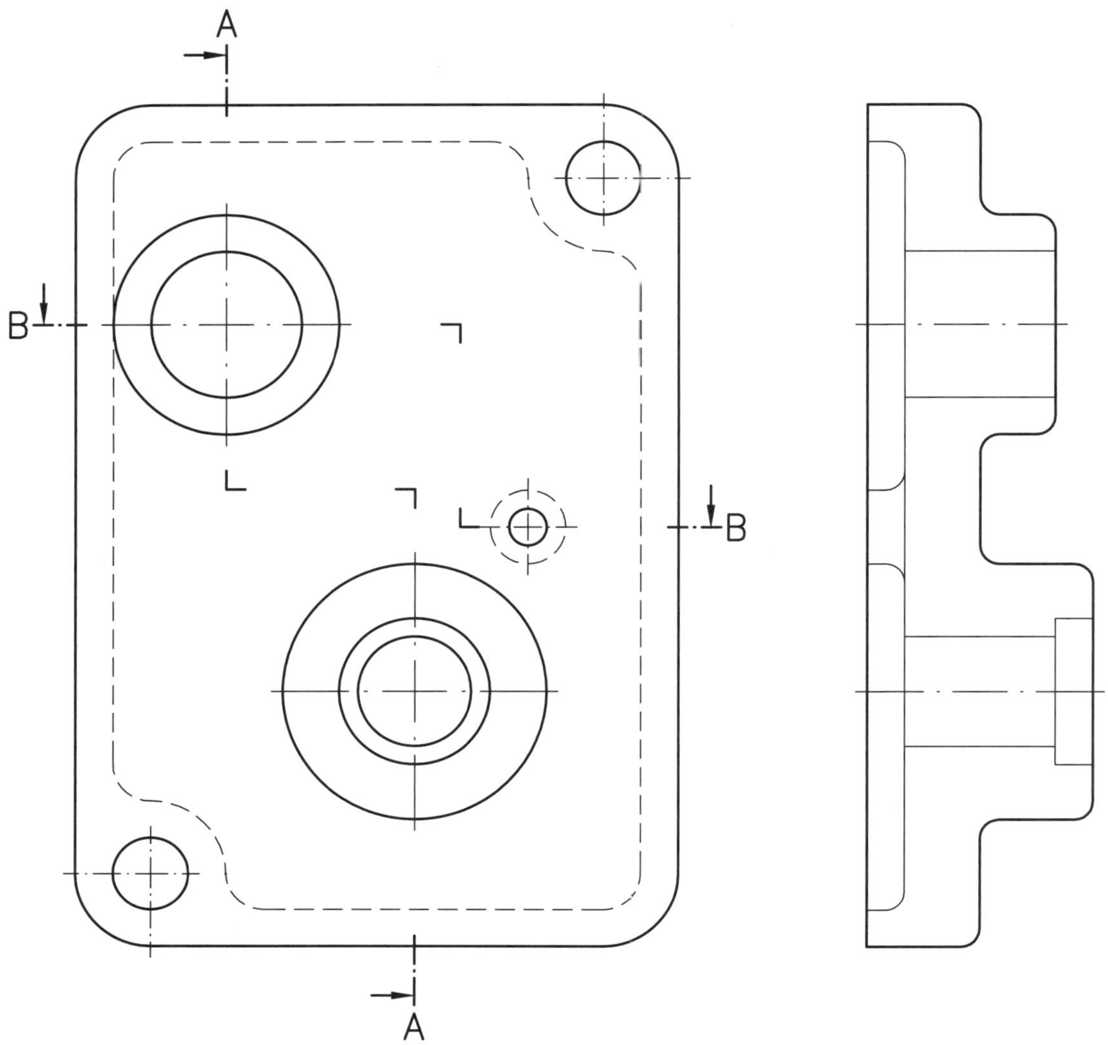

(Verantw. Abt.)	(Technische Referenz)	Erstellt durch	Genehmigt von	
		Dokumentart Zeichnung	(Dokumentstatus)	
		Titel Schnittverlauf – Flanschlager	Sach-/Zeichnungsnummer	
			(Änd.) Ausgabedatum (Spr.)	(Blatt) 5.8

1. Vervollständigen Sie die normgerechte Darstellung der beiden Teile im Längsschnitt

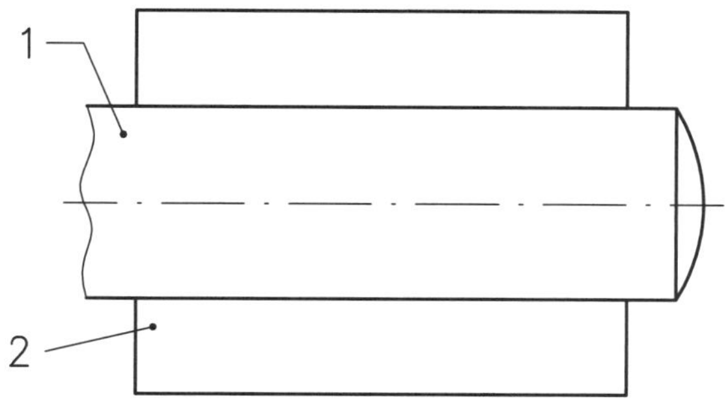

4. Vervollständigen Sie die Schnittdarstellung der Schraubverbindung.

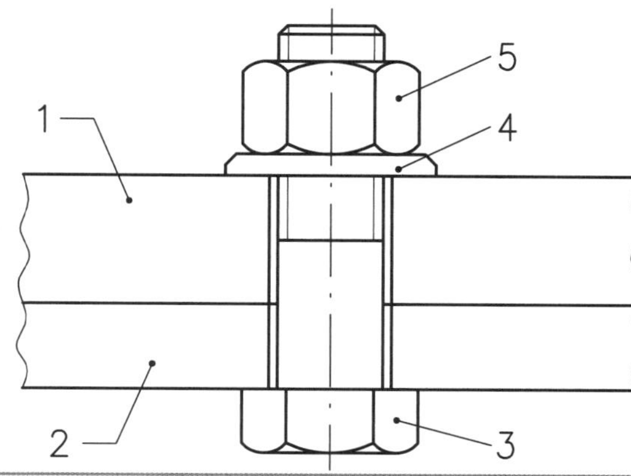

2. Vervollständigen Sie die Schnittdarstellung der Nietverbindung.

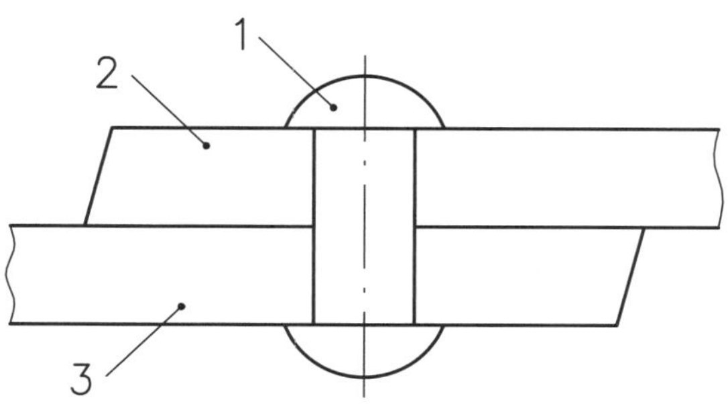

5. Vervollständigen Sie die Darstellung der Passfederverbindung im Längsschnitt.

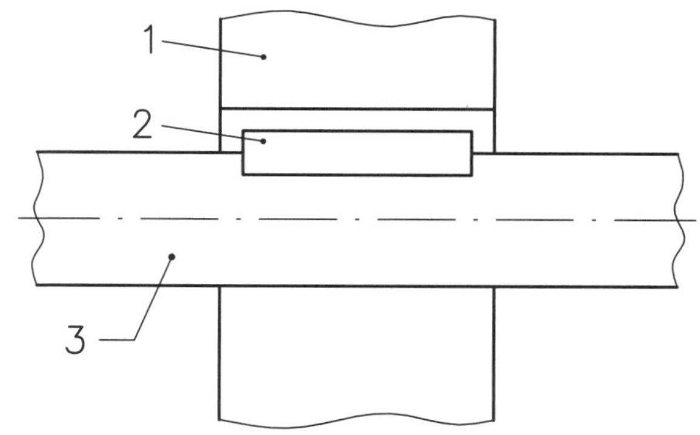

3. Zeichnen Sie die Seitenansicht im Schnitt.

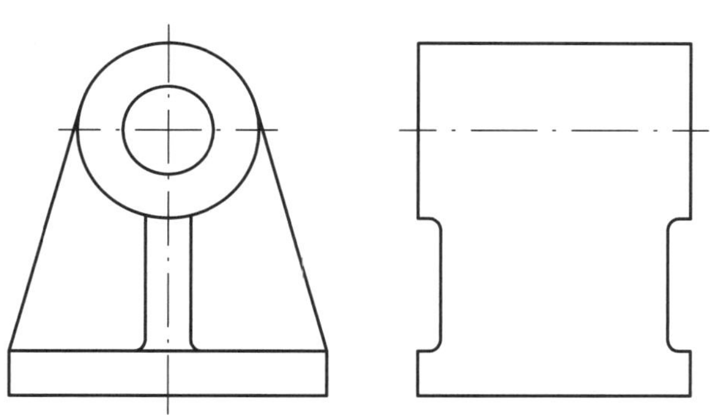

6. Vervollständigen Sie die Schnittdarstellung normgerecht.

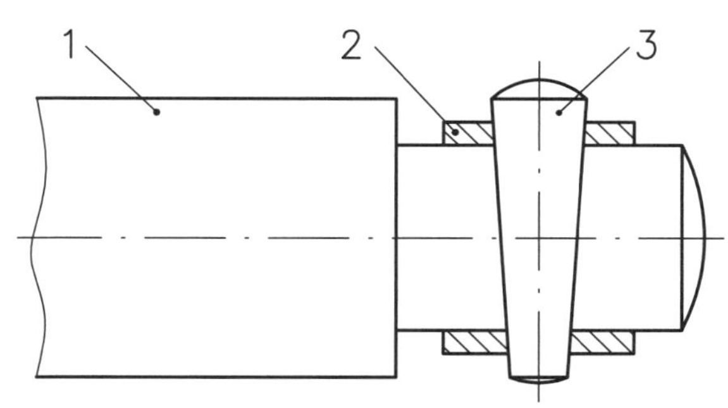

Informationen

1. Teile, die im Längsschnitt nicht geschnitten werden dürfen: volle Achsen und Wellen, Nieten, Rippen, Schrauben, Passfeldern und Stifte.
2. Im Längsschnitt nicht geschnittene Teile sind so zu zeichnen, als ob sie nach dem Schnitt erst angelegt werden.
3. Durch die Rippen von Gussstücken führt nur ein „gedachter Längsschnitt".
4. Schraubverbindung: Schraube, Mutter und Scheibe sind wie üblich in Ansicht zu zeichnen.
5. Die Freilegung eines Hohlraumes wird durch einen Ausbruch begrenzt.
6. Die Bruchkante des Ausbruchs ist eine Freihandlinie, die stets an der Körperkante endet.

DIN ISO 128-44	Bruchdarstellungen	Name		
		Klasse	Datum	5.9

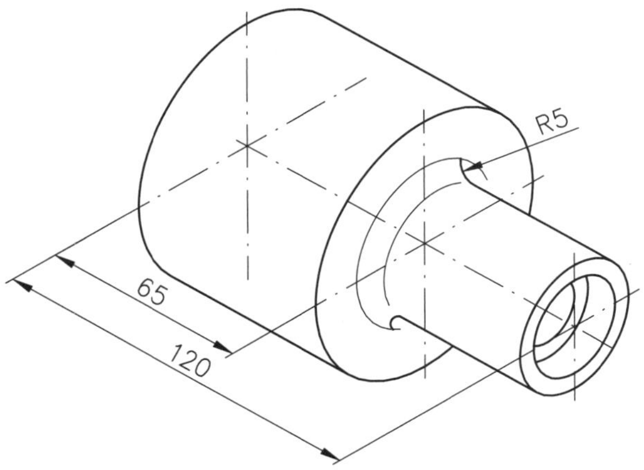

gesucht: normgerechte Darstellung im Maßstab 1:1 mit Ausbruch zur Darstellung der Bohrung und Bemaßung

gegeben: Führungsbuchse
mit durchgehender Bohrung ∅ 20
Werkstoff C20E
∅ 80 mit Ausdrehung ∅ 50 × 40
∅ 40 mit Ausdrehung ∅ 30 × 10
Bohrungen *Ra* = 1,6 mm,
übrige Flächen *Ra* = 6,3 mm

(Verantw. Abt.)	(Technische Referenz)	Erstellt durch	Genehmigt von	
		Dokumentart Zeichnung	(Dokumentstatus)	
		Titel Bruchdarstellungen – Führungsbuchse	Sach-/Zeichnungsnummer	
			(Änd.) Ausgabedatum (Spr.)	(Blatt) 5.10

Ergänzen Sie folgende Teile in Bruchdarstellungen.

1. Flachstahl

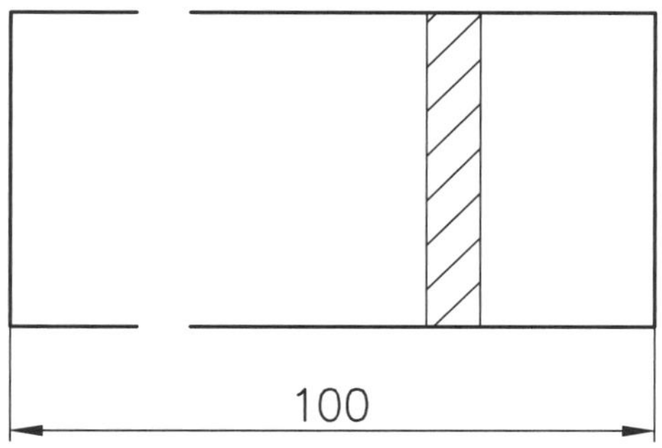

2. Keil

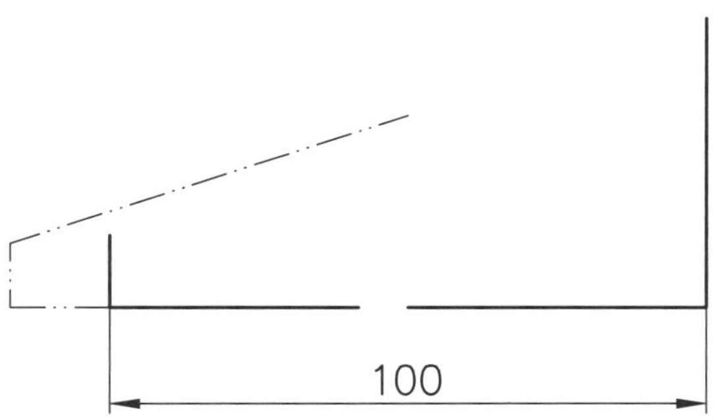

3. Rohr im Längsschnitt

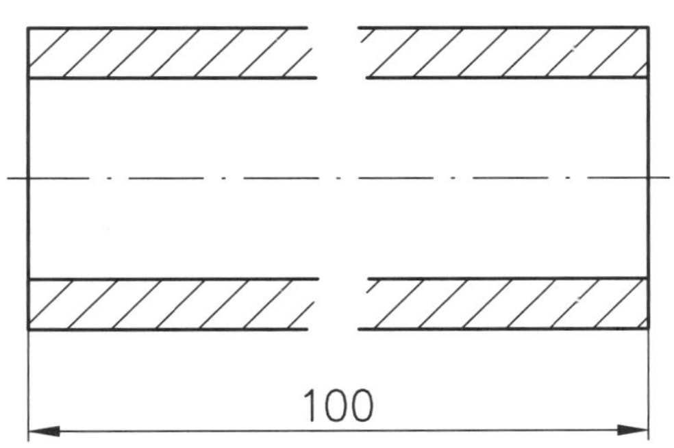

4. Welle

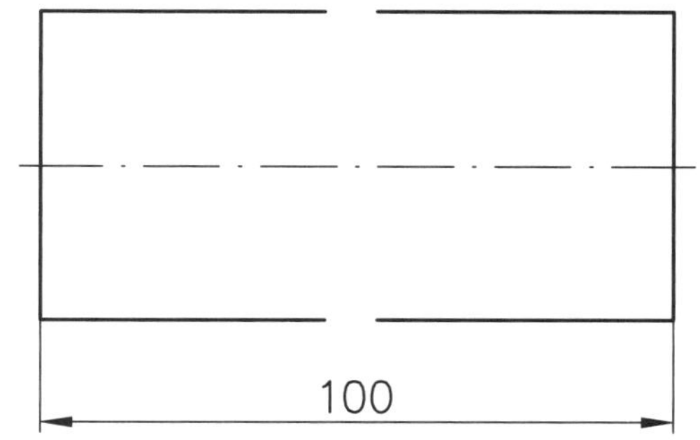

5. Kegelstumpf

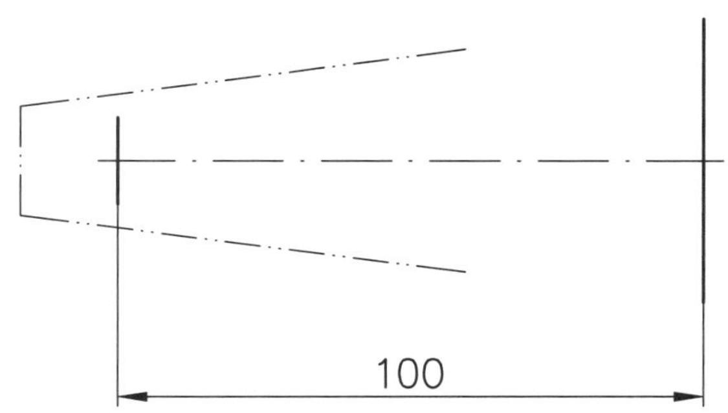

6. Rohr

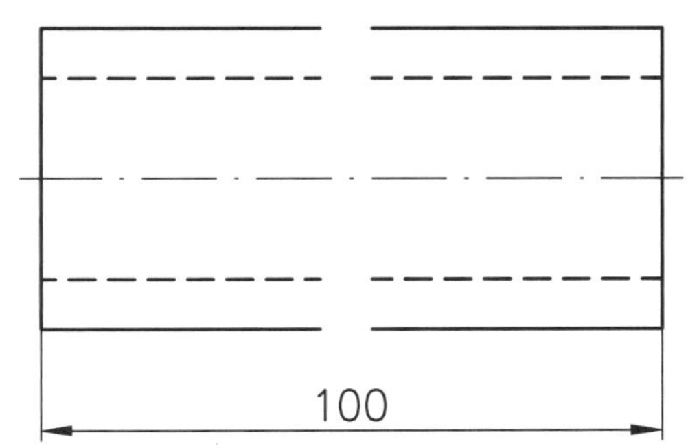

Informationen

1. Bruchkanten sind mit schmaler Freihandlinie zu zeichnen.
2. Keilförmige Werkstücke behalten in Bruchdarstellung ihre wirkliche Neigung.
3. Bruchkanten werden als Freihand- oder Zickzacklinie dargestellt.
4. Die Eindeutigkeit einer Bruchdarstellung muss gewährleistet sein.
5. Kegel behalten in Bruchdarstellung ihre wirkliche Neigung.
6. Zickzacklinien enden mit ca. 5 x Linienbreite über den Körperkanten.

DIN ISO 128-34	Unterbrochene Ansichten	Name		
		Klasse	Datum	**5.11**

gesucht: Darstellung mit Bemaßung (Maßstab 1:1)

gegeben: Aus einem Rundstahl 50 DIN 17440 aus X12CoNi17 7 soll eine 250 mm lange **Zentrierspitze** angefertigt werden.

Arbeitsgänge:
1. Das rechte Ende wird 15 mm lang auf ∅ 30 abggedreht.
2. Der vorhandene ∅ wird dann als Kegel auf ∅ 35 × 160 angedreht.
3. Das linke Ende wird auf den Zentrierwinkel 60° abgedreht.

Spitze und Kegelstumpf *Ra* = 0,2 µm, übrige Flächen *Ra* = 3,2 µm

DIN ISO 2768-f

(Verantw. Abt.)	(Technische Referenz)	Erstellt durch	Genehmigt von	
		Dokumentart Zeichnung	(Dokumentstatus)	
		Titel Unterbrochene Ansichten – Zentrierspitze	Sach-/Zeichnungsnummer	
			(Änd.) Ausgabedatum (Spr.)	(Blatt) **5.12**

Welche Schnittdarstellung entspricht der Zeichnungsnorm?

Raumbild	Schnittdarstellung				
1 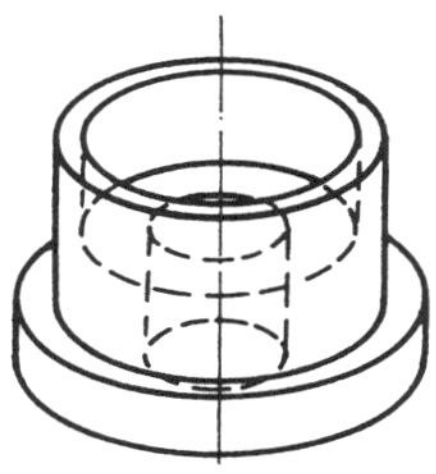	a 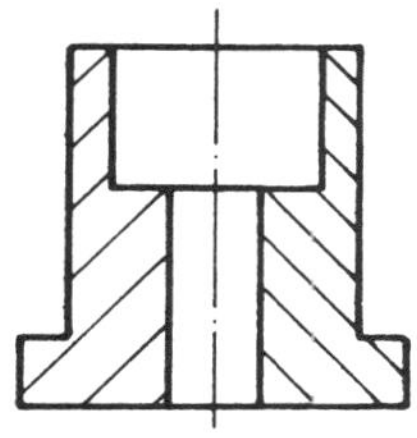	b 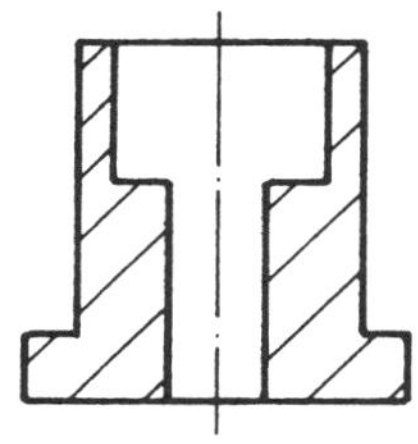	c 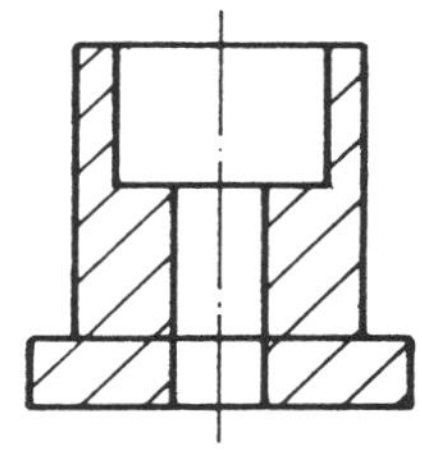	d 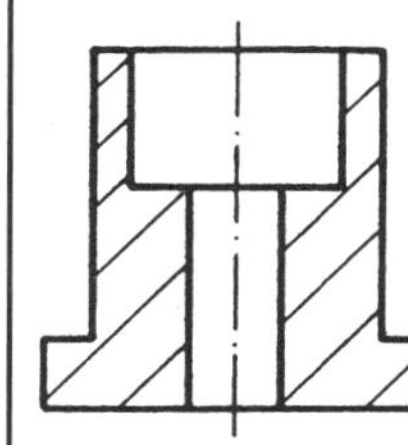	a b c d
2 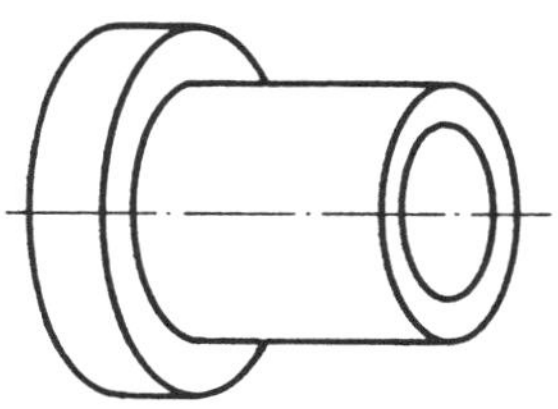	a 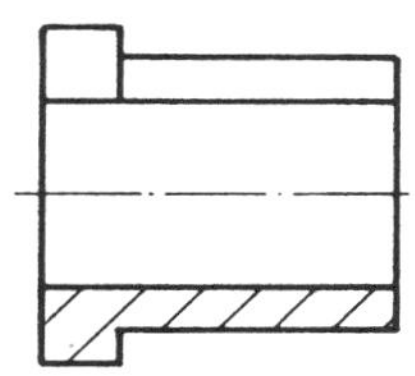	b 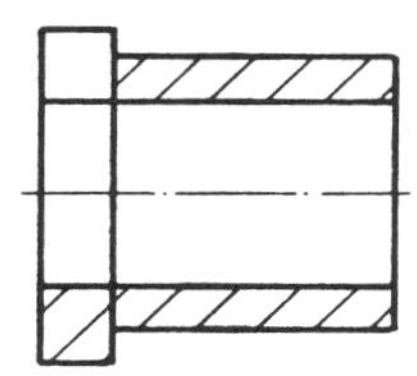	c 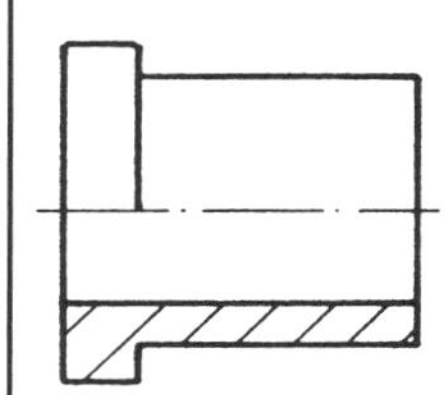	d 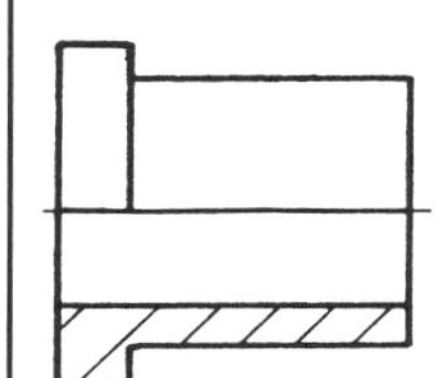	a b c d
3 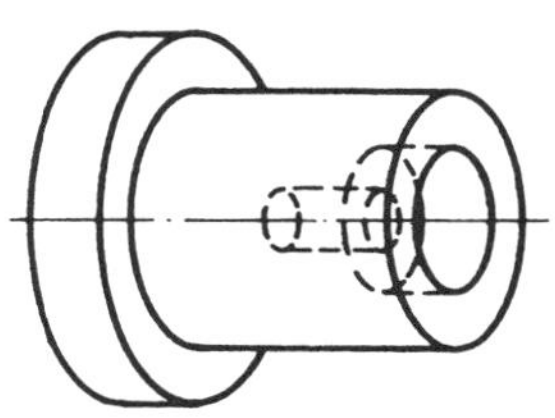	a 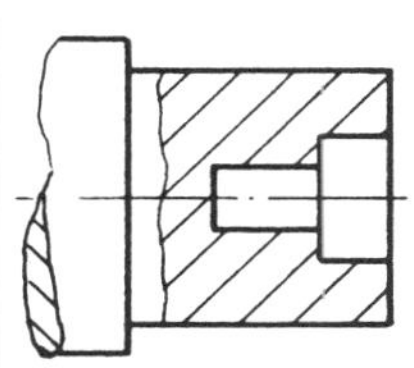	b 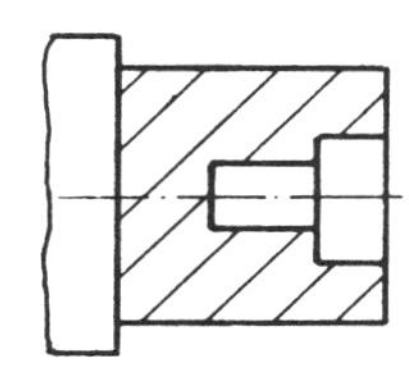	c 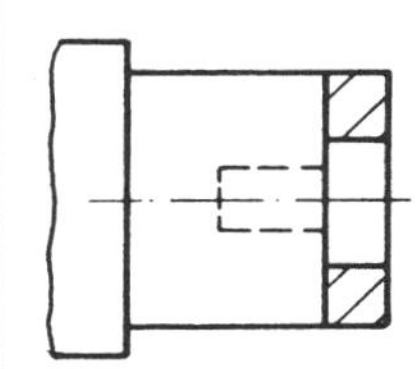	d 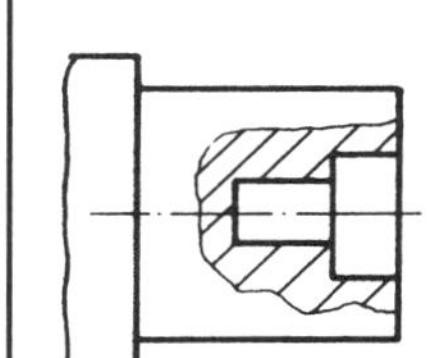	a b c d
4 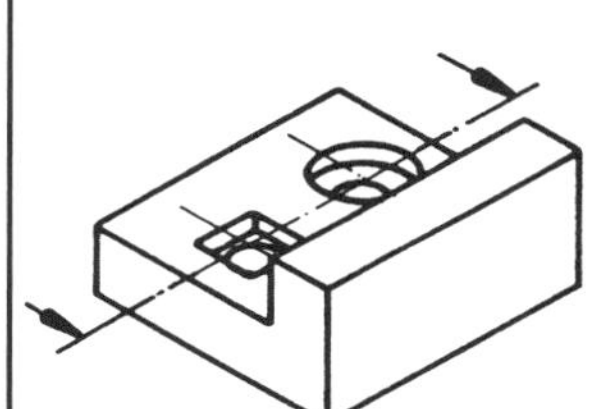	a 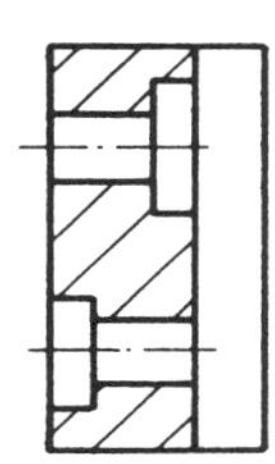	b 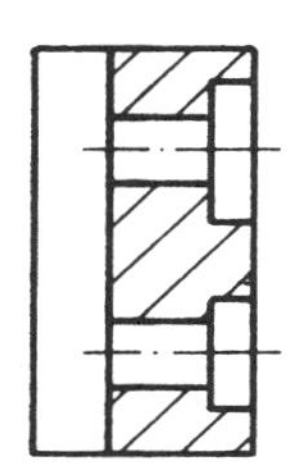	c 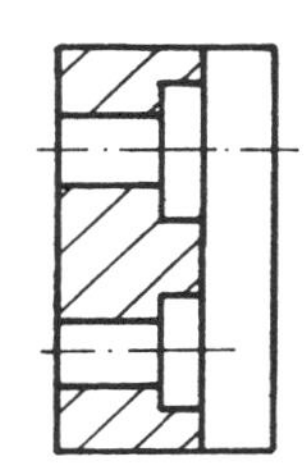	d 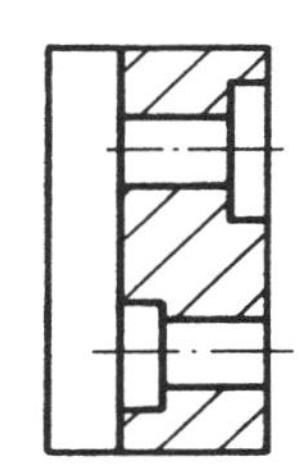	a b c d
5 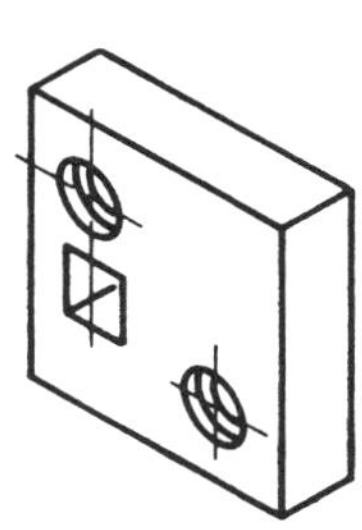	a 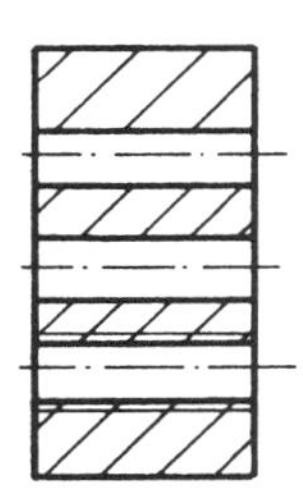	b 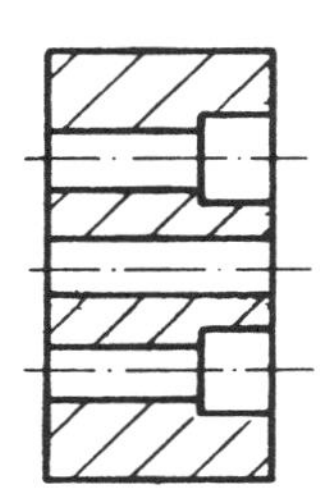	c 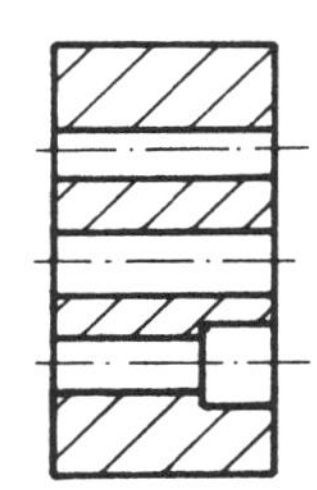	d 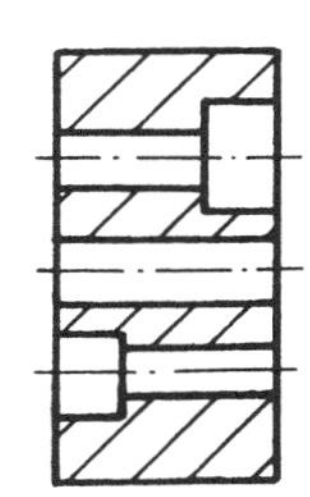	a b c d
6 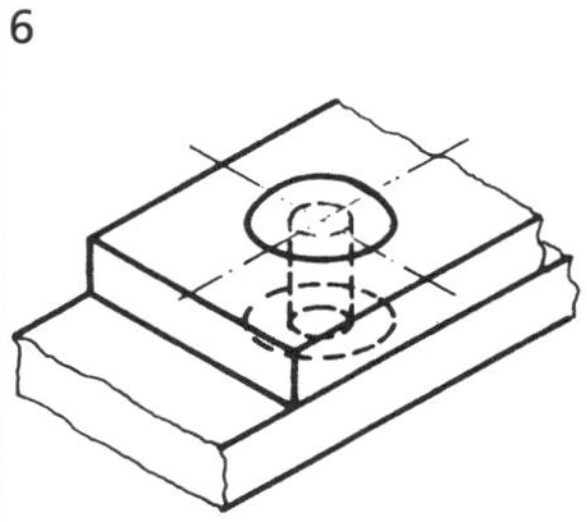	a 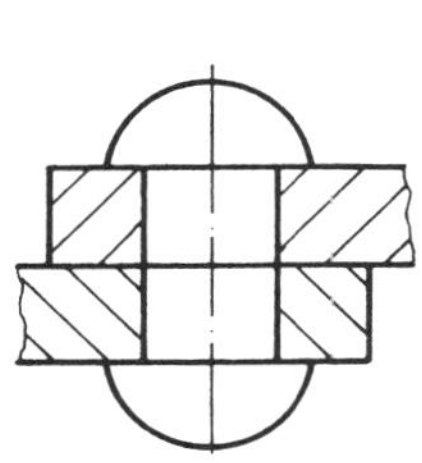	b 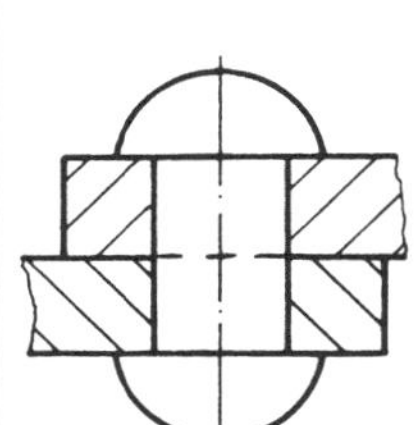	c 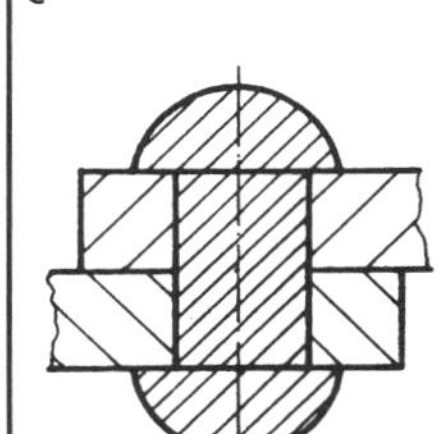	d 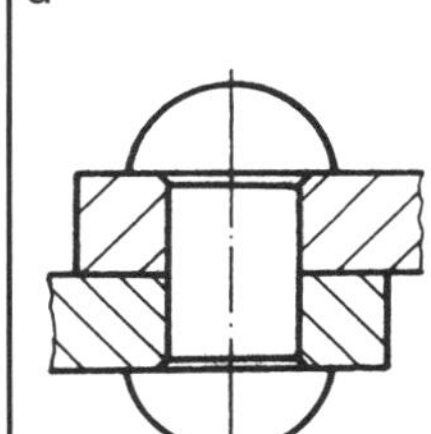	a b c d

DIN ISO 128-34	Schnittdarstellungen – Zeichnungslesen	Name	
		Klasse	Datum	5.13

Kennzeichnen Sie die Bemaßungs- und Darstellungsfehler.

1.

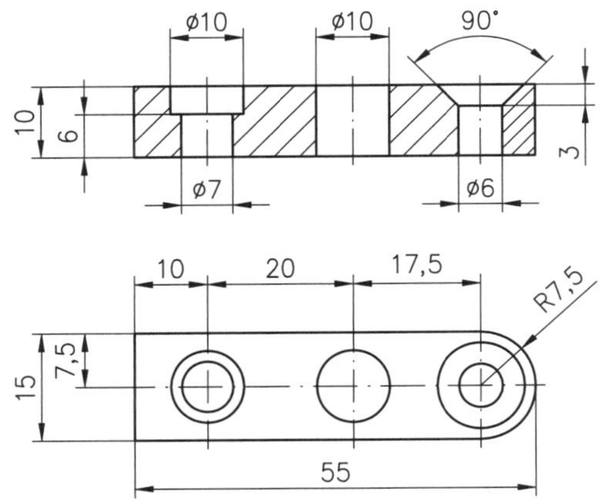

4.

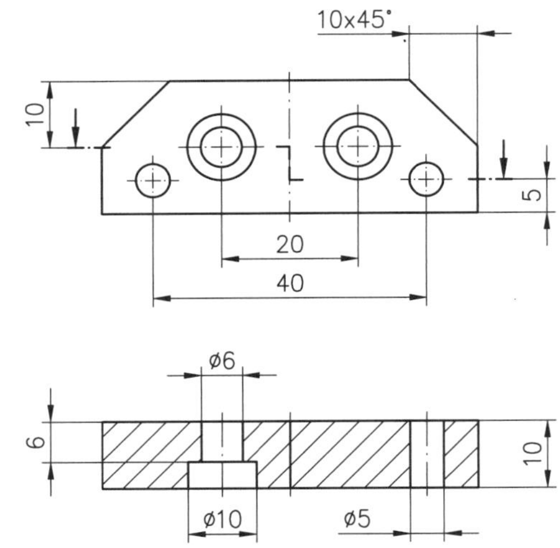

2.

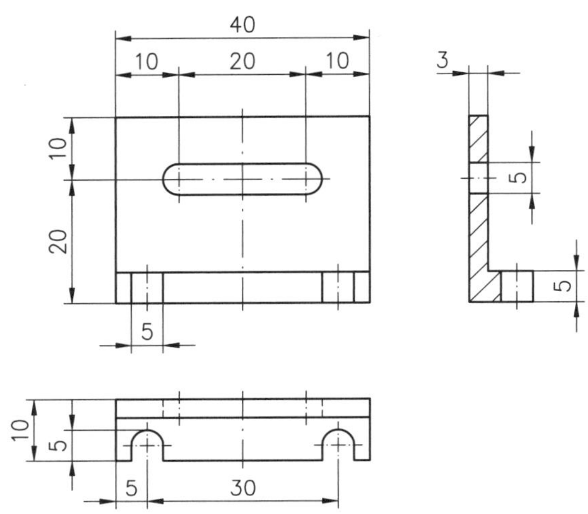

5.

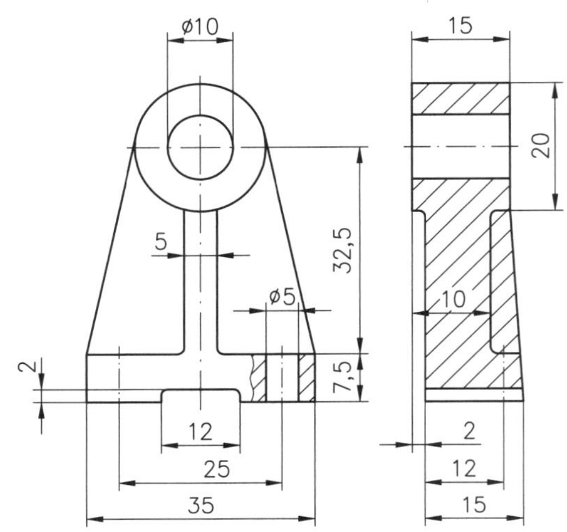

3.

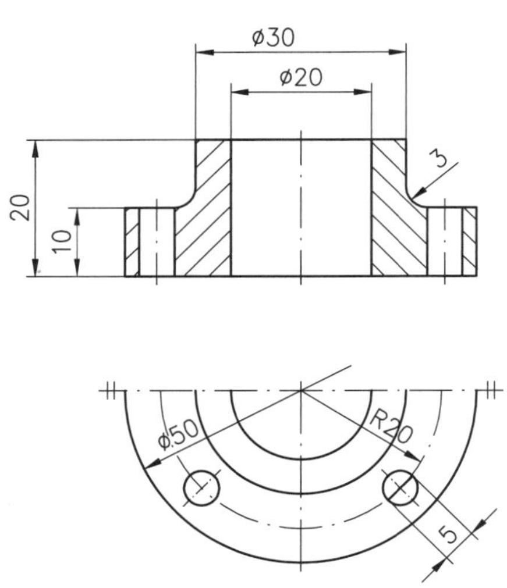

6.

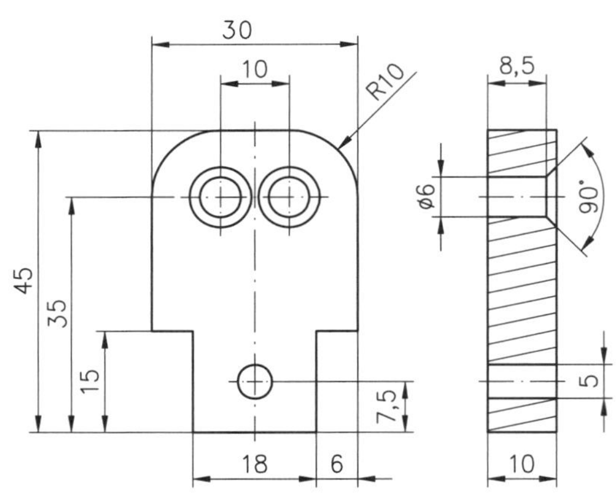

	Schnittdarstellungen und Bemaßung – Fehlersuche	Name	
		Klasse	Datum	**5.14**

1. Tragen Sie das Neigungsverhältnis ein.

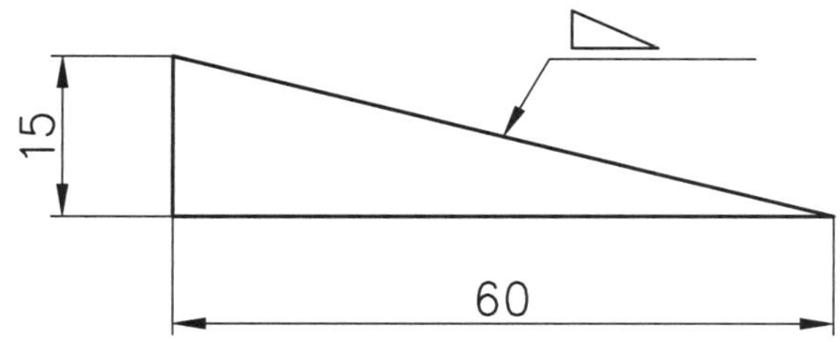

4. Tragen Sie den Neigungs-∢ 14° ein.

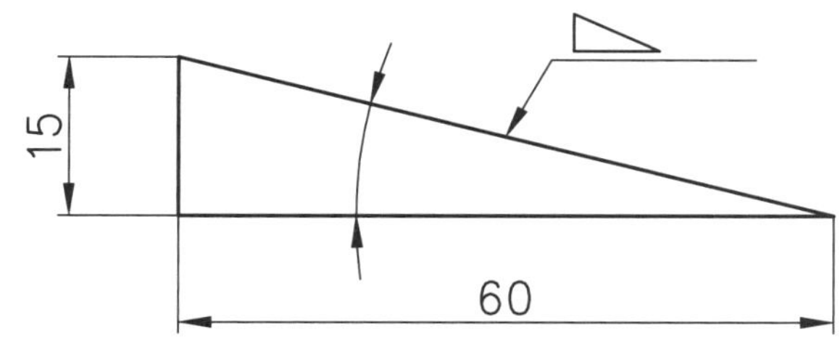

2. Tragen Sie das Neigungssymbol ein.

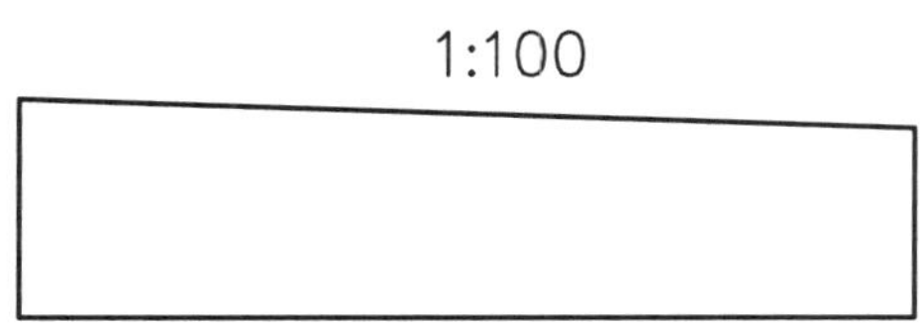

5. Tragen Sie die genormte Neigung ein.

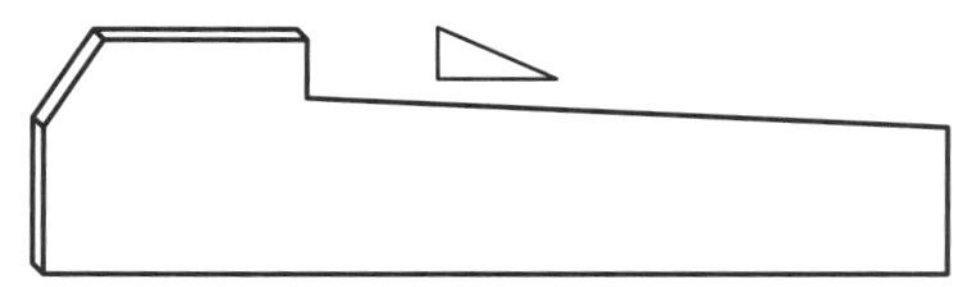

3. Tragen Sie die Neigung in Prozent ein.

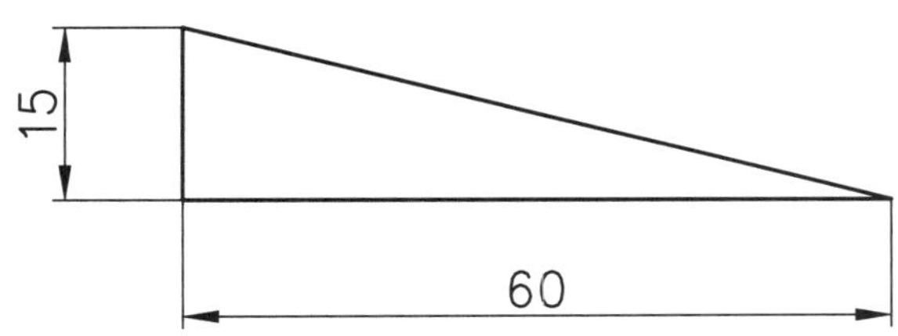

6. Tragen Sie die genormte Neigung für U-Stahl ein.

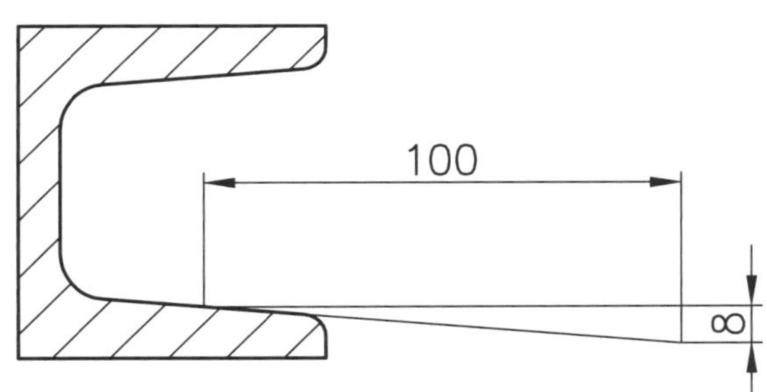

Informationen

1. Die Angabe der Neigung ist vorzugsweise auf einer abgeknickten Hinweislinie einzutragen.
2. Die Neigungsrichtung wird durch das Neigungssymbol gekennzeichnet.
3. Die Angabe der Neigung an geeigneter Fläche ist ebenfalls zulässig. Sie kann auch in Prozent erfolgen.
4. Der Neigungswinkel kann zusätzlich als Hilfsmaß angegeben werden.
5. Bei genormten Längskeilen beträgt die Neigung 1:100.
6. Bei Profilen wird die Neigung in Prozent angegeben. Bei einem U-Profil beträgt die Neigung zum Beispiel 8%.

DIN ISO 406-11	Neigung	Name		
		Klasse	Datum	5.15

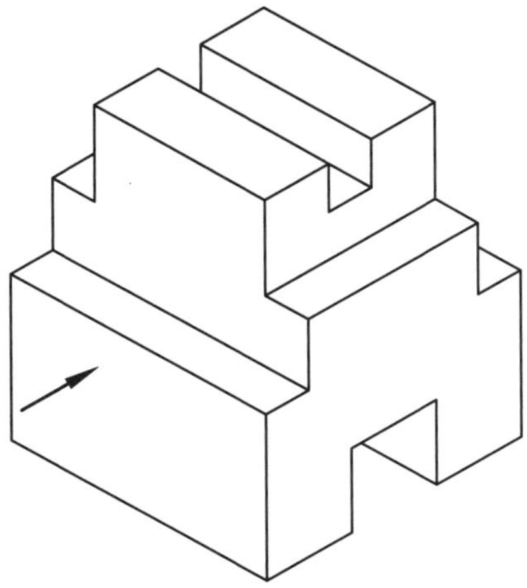

1:2

gesucht: Vorderansicht im Schnitt, Draufsicht, Seitenansicht und Bemaßung (Maßstab 1:1)

gegeben: Führungsleiste
Werkstoff S275
Neigung der 20 mm breiten Nut links auf 25 mm steigend
Seitenflächen der Gleitnut sollen eine Oberflächenrauheit von *Ra* = 6,3 mm erhalten.
Das Fertigungsverfahren ist freigestellt.
DIN ISO 2768-f

(Verantw. Abt.)	(Technische Referenz)	Erstellt durch	Genehmigt von			
	Dokumentart Zeichnung	(Dokumentstatus)				
	Titel Neigung – Führungsleiste	Sach-/Zeichnungsnummer				
		(Änd.)	Ausgabedatum	(Spr.)	(Blatt) 5.16	

1. **Tragen Sie die Kegelverjüngung ein.**

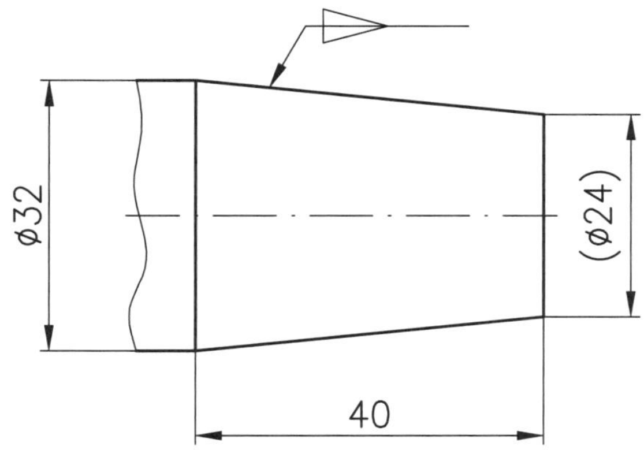

4. **Tragen Sie den Neigungs-∢ 6° ein.**

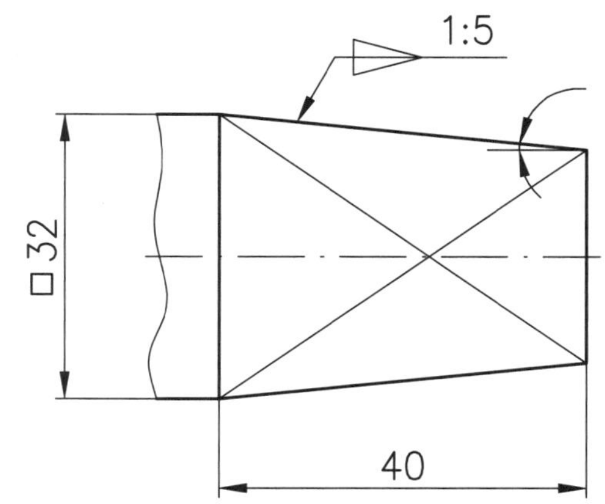

2. **Tragen Sie für das Drehteil die Kegelverjüngung 1:5 ein.**

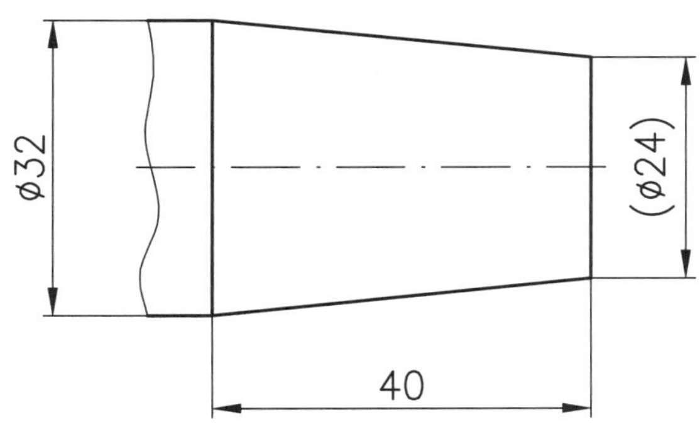

5. **Tragen Sie die Verjüngung 1:5 ein.**

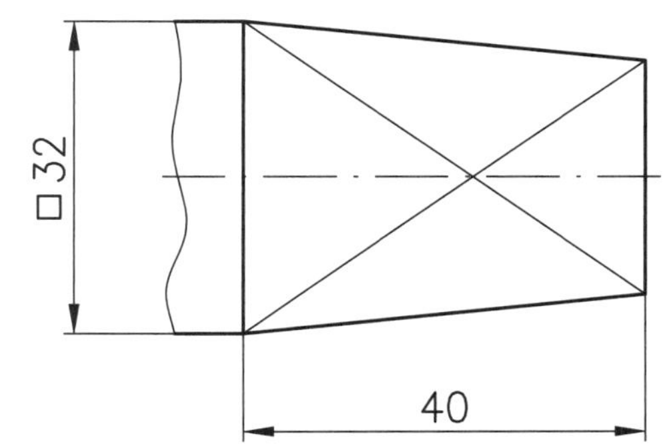

3. **Bemaßen Sie das Gussteil.**

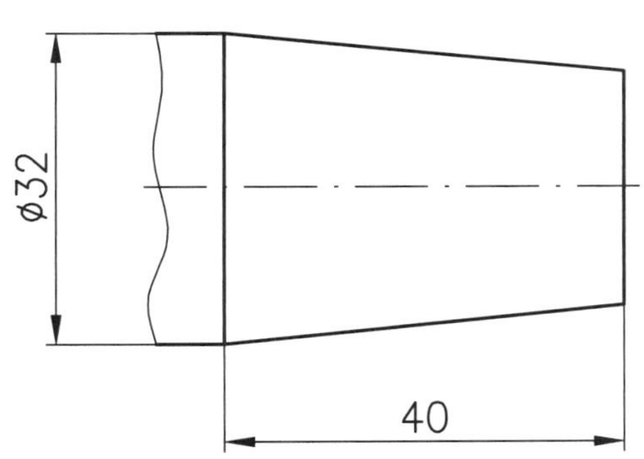

6. **Bemaßen Sie das Schmiedeteil.**

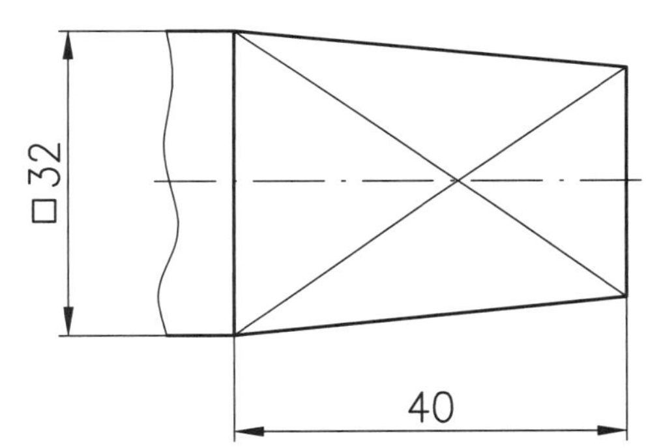

Informationen

1. Die Kegelverjüngung (als Verhältnis oder in Prozent) wird auf einer abgeknickten Hinweislinie angegeben.
2. Die Kegelverjüngung wird durch das Kegelsymbol gekennzeichnet.
3. Kegelige Übergänge von Gussteilen sind durch die beiden ∅ und die Kegellänge bestimmt.
4. Der Neigungs-∢ kann zusätzlich als Hilfsmaß angegeben werden.
5. Die Verjüngung wird durch das Verjüngungssymbol gekennzeichnet.
6. Spanlos zu formende Übergänge sind nur mit den erforderlichen Maßen zu versehen.

DIN ISO 3040 DIN ISO 406-11	Kegelverjüngung	Name		
		Klasse	Datum	5.17

gesucht: Seitenansicht im Halbschnitt und mit Bemaßung

gegeben: Zentrierkegel in Vorderansicht und Draufsicht

Werkstoff 18CrNi8

Kegel geschliffen *Ra* = 1,6 mm, übrige Flächen *Ra* = 6,3 mm

Die Zapfenlänge 20 hat die Abmaße +0,1 und 0.

Die Kegellänge 45 hat die Abmaße 0 und –0,2.

DIN ISO 2768-f

Die Maße sind den gegebenen Ansichten zu entnehmen.

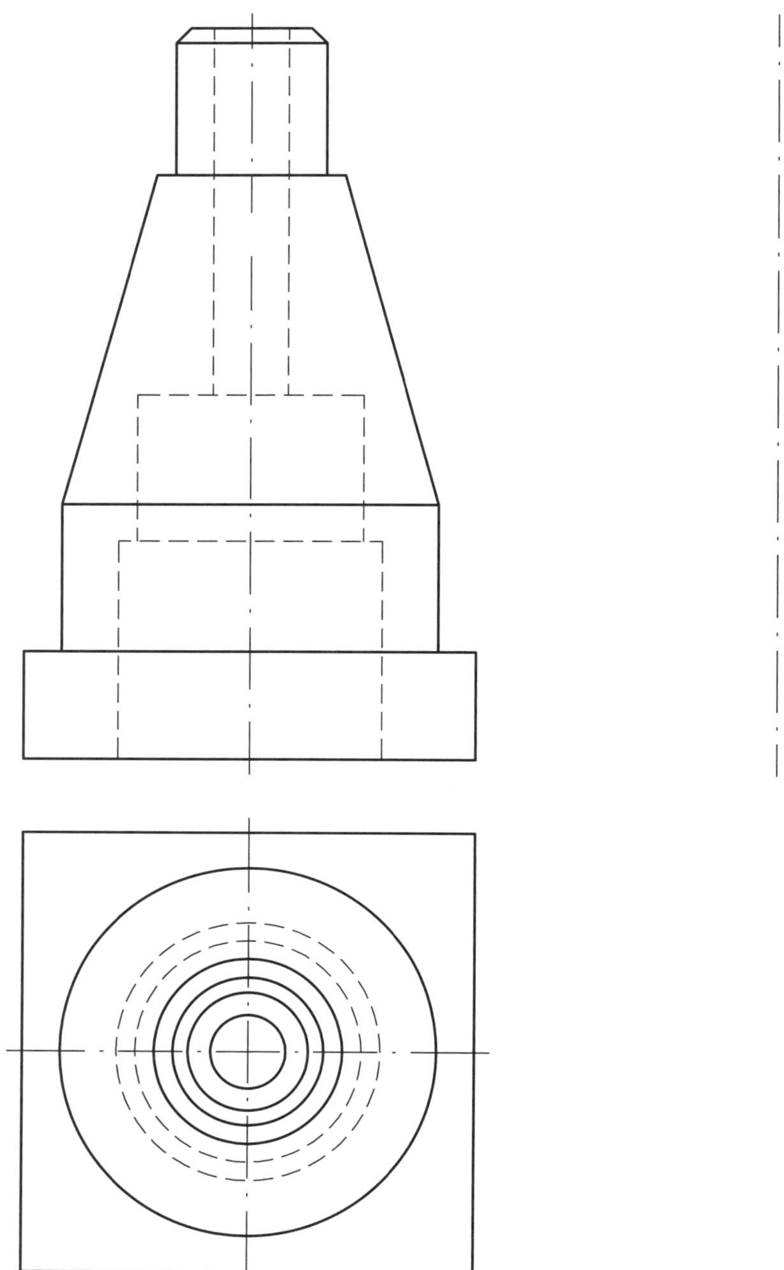

(Verantw. Abt.)	(Technische Referenz)	Erstellt durch	Genehmigt von			
		Dokumentart Zeichnung	(Dokumentstatus)			
		Titel Kegelverjüngung – Zentrierkegel	Sach-/Zeichnungsnummer			
			(Änd.)	Ausgabedatum	(Spr.)	(Blatt) **5.18**

1. **Zeichnen Sie für das Gewinde M 16 den Bohrungsdurchmesser ein.**

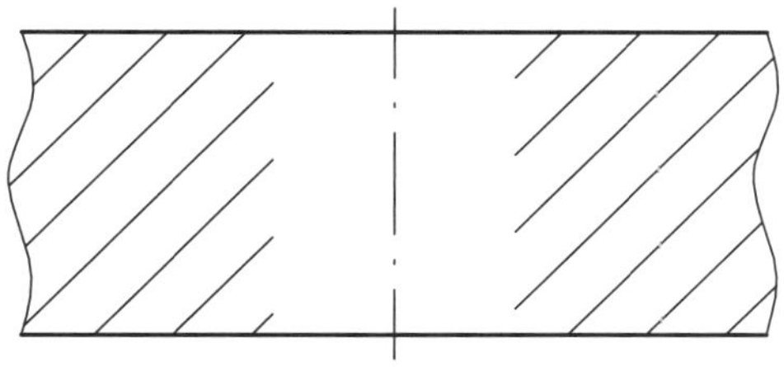

2. **Zeichnen Sie im vorhandenen Teil M 16 nicht sichtbar ein.**

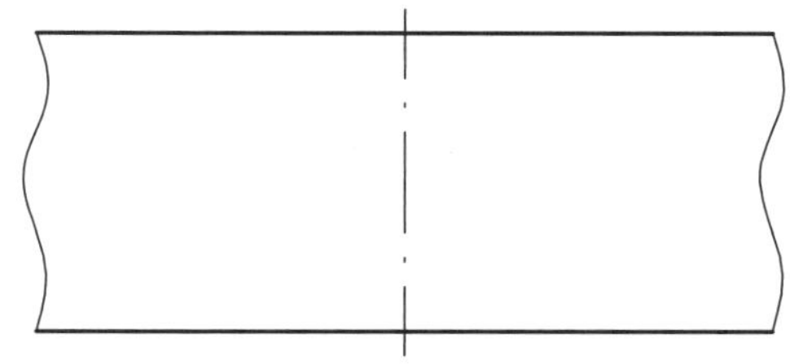

2. **Zeichnen Sie das Gewinde M 16 normgerecht ein.**

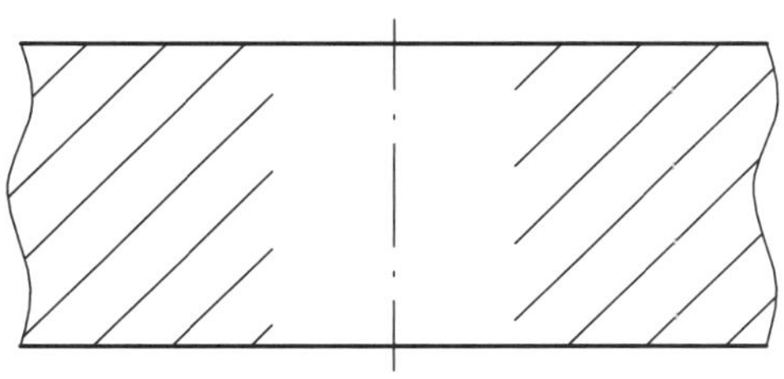

5. **Zeichnen Sie das Gewinde M 16, 15 tief, mit Bemaßung ein.**

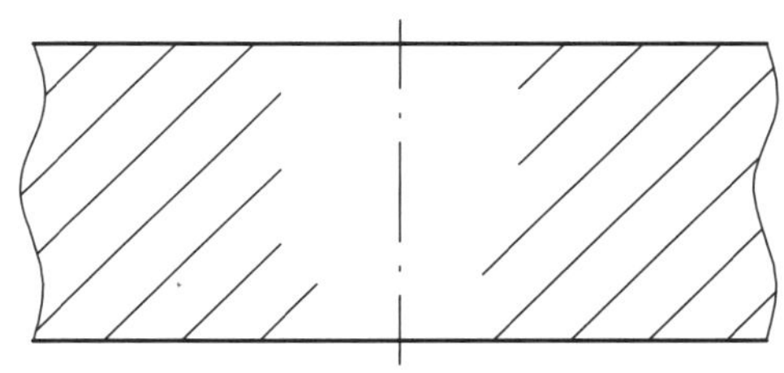

3. **Ergänzen Sie die Draufsicht normgerecht.**

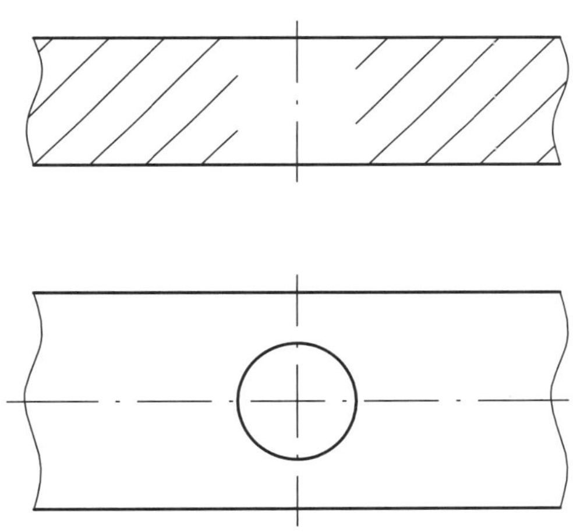

6. **Ergänzen Sie die Draufsicht normgerecht.**

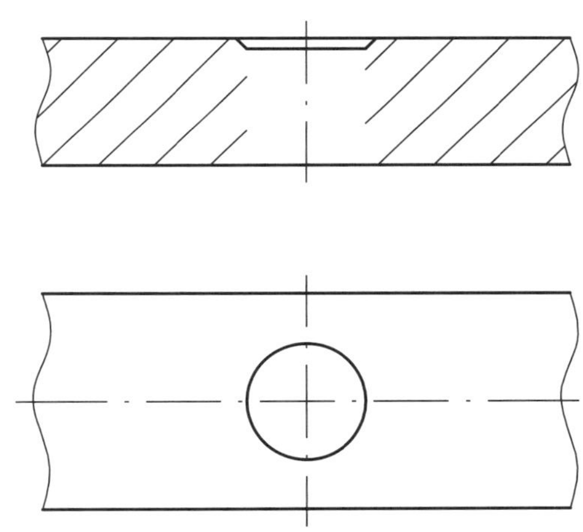

Informationen

1. Bohrungs-∅ = Außen-∅ – Steigung
2. Gewindelinien sind schmale Volllinien und liegen stets im Werkstoff.
3. Der „Gewindekreis" ist ein 3/4-Kreis in beliebiger Lage.
4. Nicht sichtbares oder verdecktes Gewinde ist durch Strichlinien darzustellen.
5. Die Gewindelänge wird durch eine breite Volllinie begrenzt.
6. Übliche Senkungen auf Gewindetiefe werden nicht eingezeichnet.

DIN ISO 6410	Innengewinde	Name		
		Klasse	Datum	6.1

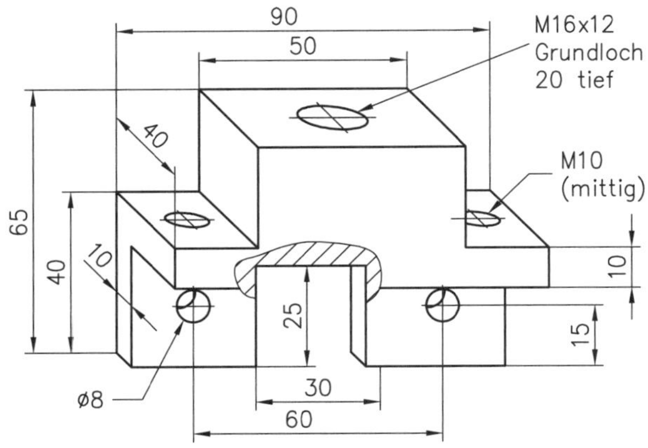

gesucht: a) Vorderansicht und Seitenansicht im Schnitt (Maßstab 1:1)
b) Draufsicht
c) Bemaßung

gegeben: Konsole
Werkstoff S185
Fertigungsverfahren spanend,
Ra = 6,3 mm
Der Lochmittenabstand 60 hat die Abmaße +0,1 und -0,1
DIN ISO 2768-g

(Verantw. Abt.)	(Technische Referenz)	Erstellt durch	Genehmigt von	
		Dokumentart Zeichnung	(Dokumentstatus)	
		Titel Innengewinde – Konsole	Sach-/Zeichnungsnummer	
			(Änd.) Ausgabedatum	(Spr.) (Blatt) 6.2

1. Tragen Sie an den Bolzen die Linsenkuppe an.

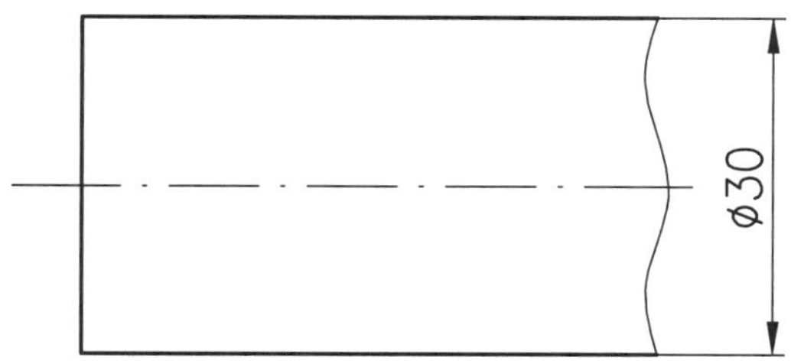

4. Tragen Sie an den Bolzen die Kegelkuppe an.

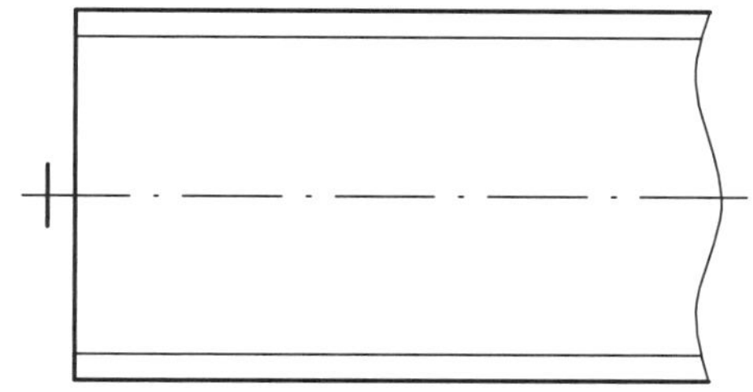

2. Zeichnen Sie das Gewinde M 30 ein.

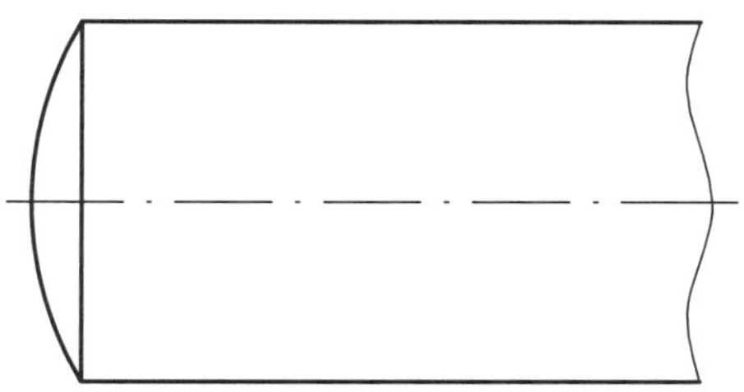

5. Zeichnen Sie das Gewinde M30 × 40 ein.

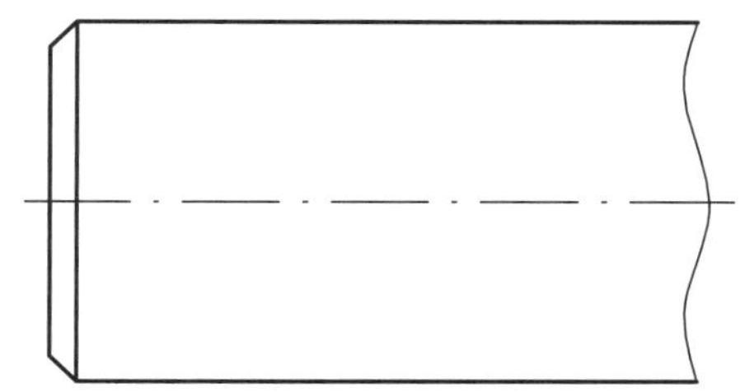

3. Ergänzen Sie die Draufsicht.

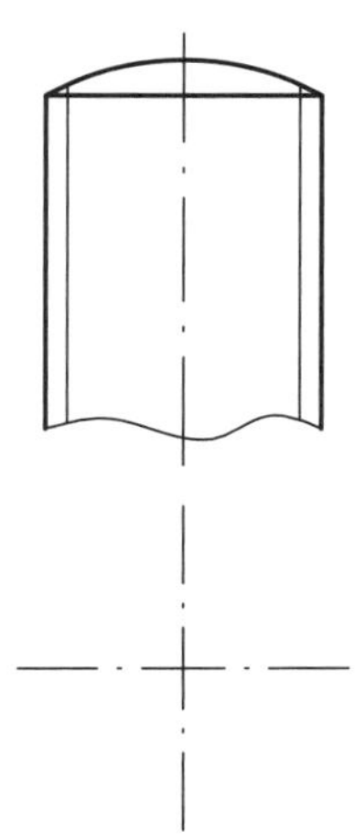

6. Ergänzen Sie die Draufsicht.

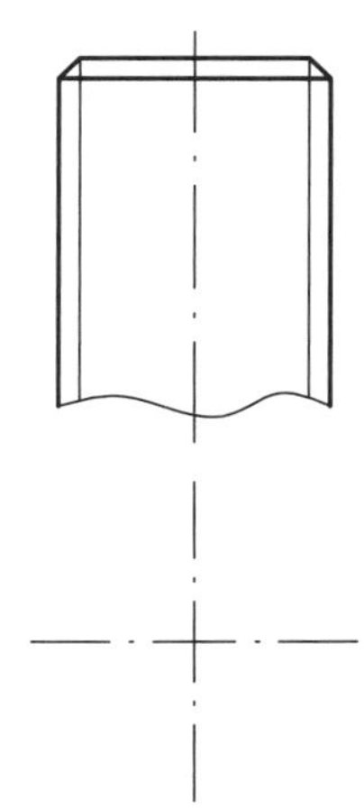

Informationen

1. Der Radius der Linsenkuppe ist mit dem Außendurchmesser zu zeichnen.
2. Gewindelinien sind schmale Volllinien und liegen stets im Werkstoff.
3. Der „Gewindekreis" ist ein 3/4-Kreis in beliebiger Lage.
4. Die Kegelkuppe ist unter einem ∢ von 45° bis zum Kerndurchmesser zu zeichnen.
5. Gewindelinien werden durch eine breite Volllinie begrenzt.
6. Übliche Fasen auf Gewindetiefe werden nicht eingezeichnet.

DIN ISO 6410	Außengewinde	Name		
		Klasse	Datum	6.3

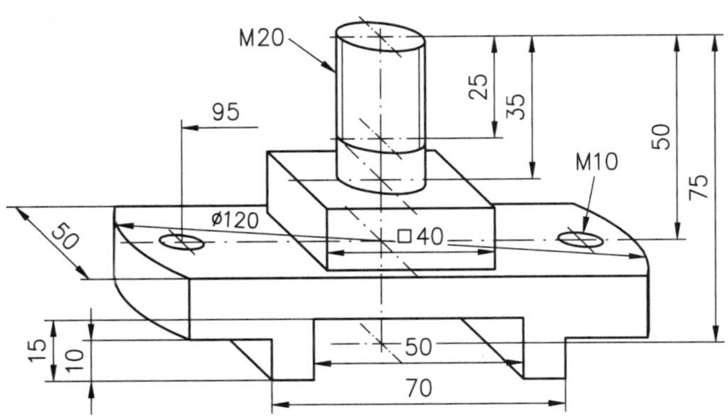

gesucht: Vorderansicht, Draufsicht und Bemaßung (Maßstab 1:1)

gegeben: Spannbrücke
Werkstoff E295
Maß □ 40 und
Maß 50 *Ra* = 6,3 mm
materialabtragende Bearbeitung
DIN ISO 2768-m

(Verantw. Abt.)	(Technische Referenz)	Erstellt durch	Genehmigt von	
		Dokumentart Zeichnung	(Dokumentstatus)	
		Titel Außengewinde – Spannbrücke	Sach-/Zeichnungsnummer	
			(Änd.) Ausgabedatum (Spr.)	(Blatt) **6.4**

1. **Zeichnen Sie das Mutterteil mit M 20 im Schnitt.**

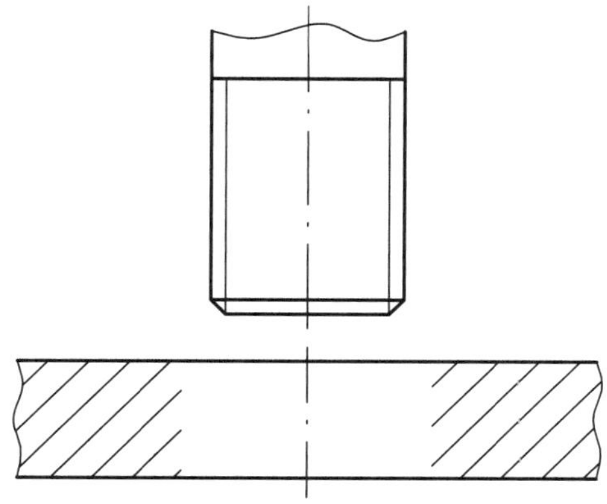

4. **Zeichnen Sie die Teile der Aufgabe 1 verschraubt.**

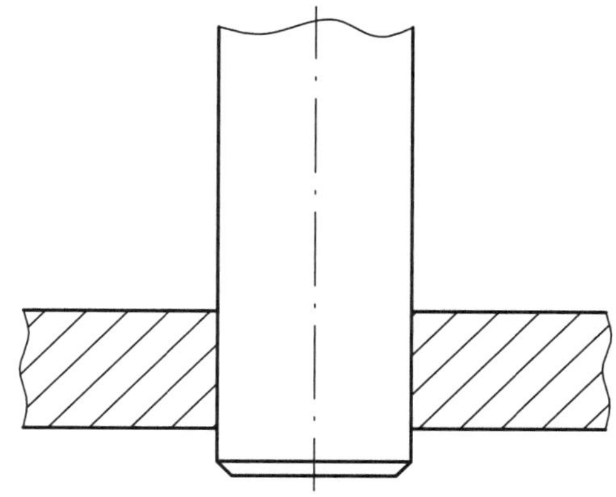

2. **Ergänzen Sie die Gewindedarstellung M 20 normgerecht.**

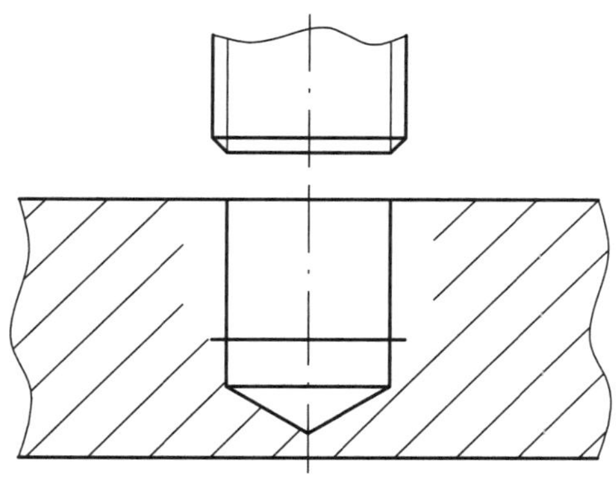

5. **Zeichnen Sie die Teile der Aufgabe 2 10 mm tief verschraubt.**

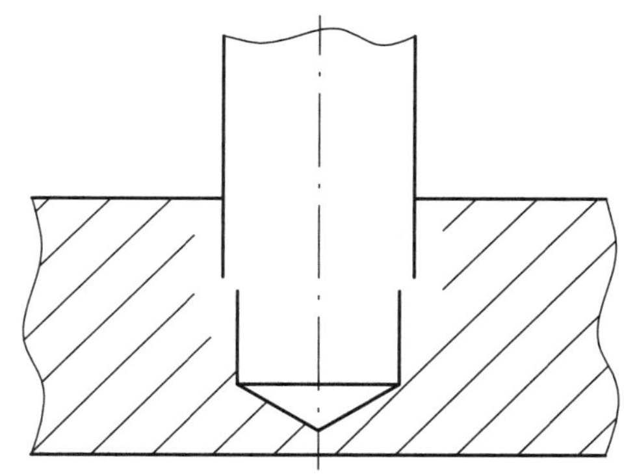

3. **Zeichnen Sie das Außengewinde M 20 × 10 normgerecht im Schnitt.**

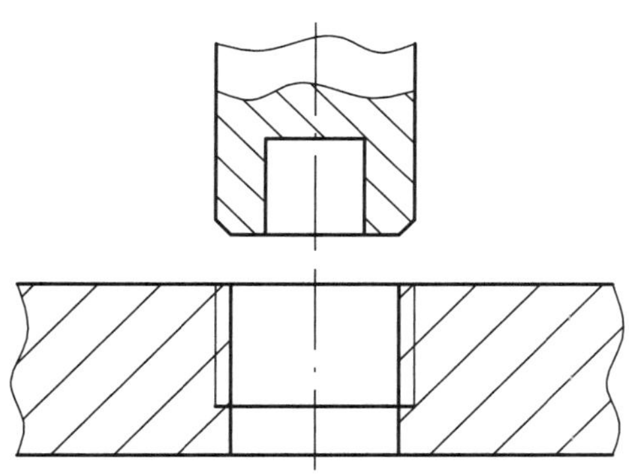

6. **Zeichnen Sie die Teile der Aufgabe 3 voll verschraubt.**

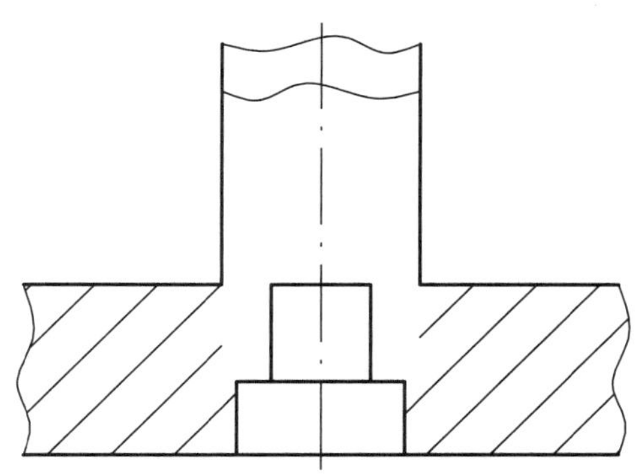

Informationen

1. Bolzengewinde = Außengewinde, Muttergewinde = Innengewinde.
2. Gewindelinien sind schmale Volllinien und liegen stets im Werkstoff.
3. Bei geschnittenem Außengewinde ist die Begrenzungslinie nur bis zu dem Kerndurchmesser zu zeichnen.
4. Das Bolzengewinde verdeckt das Innengewinde.
5. Das Muttergewinde wird nur dort geschnitten, wo der Bolzen es nicht verdeckt.
6. Eingeschraubte Teile sind so zu zeichnen, als ob sie allein vorhanden wären.

DIN ISO 6410	Verschraubung	Name	
		Klasse	Datum
			6.5

gesucht: normgerechte Ergänzung, Bemaßung

gegeben: **Verbindungsstück**, M 36 × 1,5 bei einer Gesamtlänge von 250 mm (Maßstab 1:1)

Werkstoff: 15 Cr3

Die Maße sind der Zeichnung zu entnehmen. DIN ISO 2768-m

Oberflächenkennzeichnung

Ø 35 als vorhandene Fertigstufe, Ø 45 spanend Ra = 6,3 µm und verchromt auf Ra = 0,4 µm

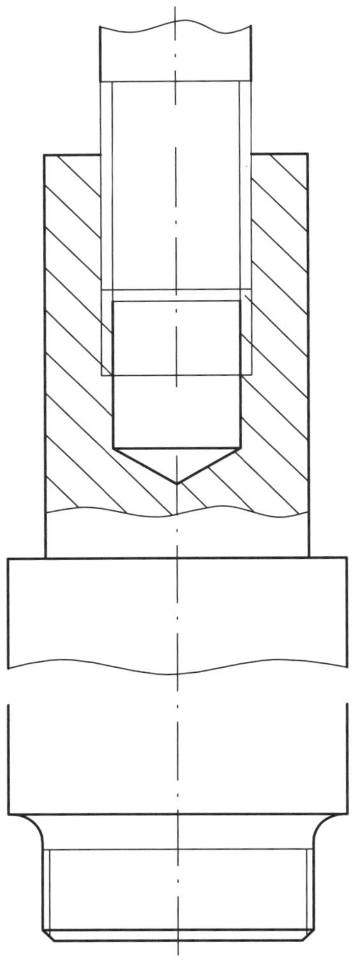

(Verantw. Abt.)	(Technische Referenz)	Erstellt durch	Genehmigt von	
		Dokumentart Zeichnung	(Dokumentstatus)	
		Titel Verschraubung – Verbindungsstück	Sach-/Zeichnungsnummer	
			(Änd.) Ausgabedatum	(Spr.) (Blatt) **6.6**

1. Tragen Sie die Konstruktionssmaße ein.

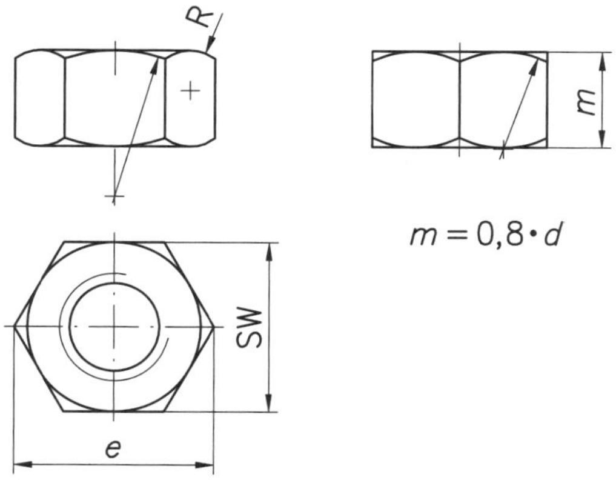

$m = 0{,}8 \cdot d$

2. Ergänzen Sie die Darstellung und die Tabelle.

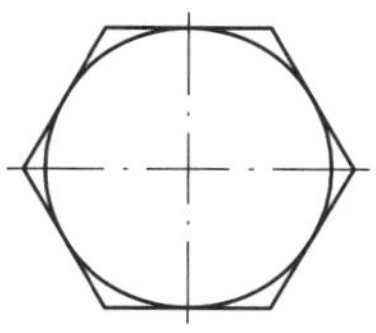

d =	20	mm
e =		
SW =		
m =		

3. Ergänzen Sie die Darstellung und die Tabelle.

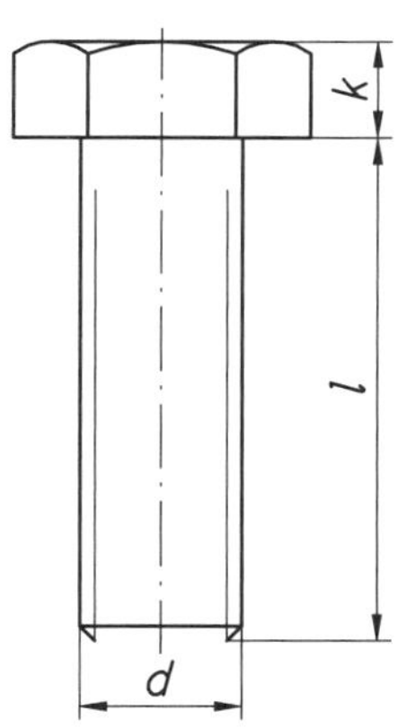

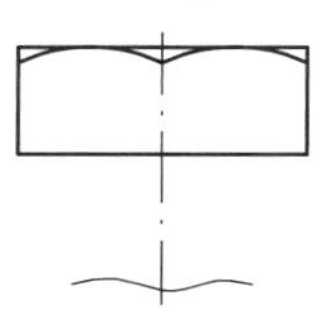

d =	20	mm
e =		
SW =		
k =		
l =		

4. Vervollständigen Sie die Darstellung.

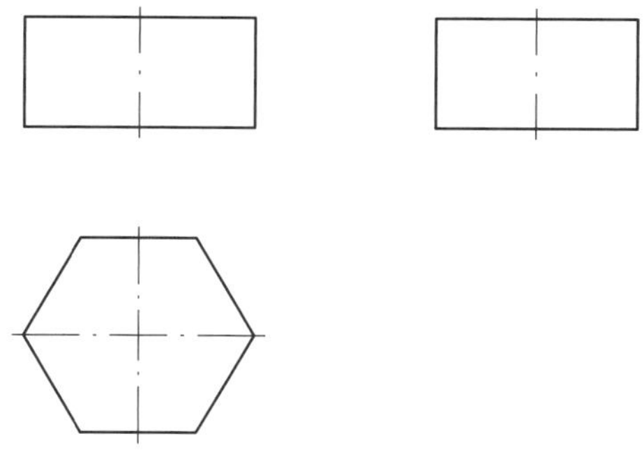

5. Ergänzen Sie die beiden Ansichten.

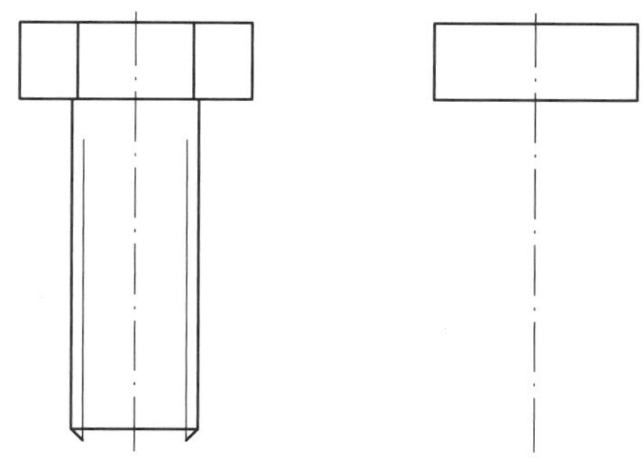

6. Ergänzen Sie die Seitenansicht.

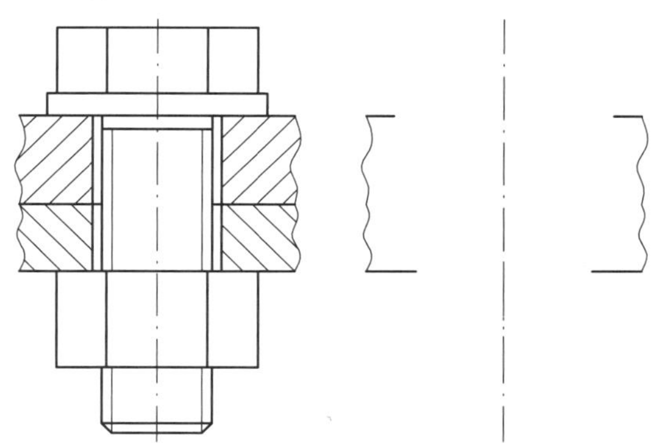

Informationen

1. Eckmaß = 1,155 × Schlüsselweite
2. Gewindelinien sind bei Muttern nur in der Draufsicht einzuzeichnen. Übliche Senkungen auf Gewindetiefe werden nicht eingezeichnet.
3. Schrauben erhalten nur am oberen Rand Fasen und Fasenbögen.
   Die Schraubenkopfhöhe *k* ist geringer als bei der zugehörigen Mutter.

Vereinfache Darstellung, z. B. für Skizzen

4. Kuppen, Fasen und -bögen werden nicht gezeichnet.
5. Gewindebegrenzungen werden auch in vereinfachten Darstellungen von Schrauben eingezeichnet.
6. Unterlegteile wie z. B. Scheiben werden ohne Einzelheiten dargestellt.

	Verschraubung – Vereinfachte Darstellung	Name	
		Klasse	Datum	6.7

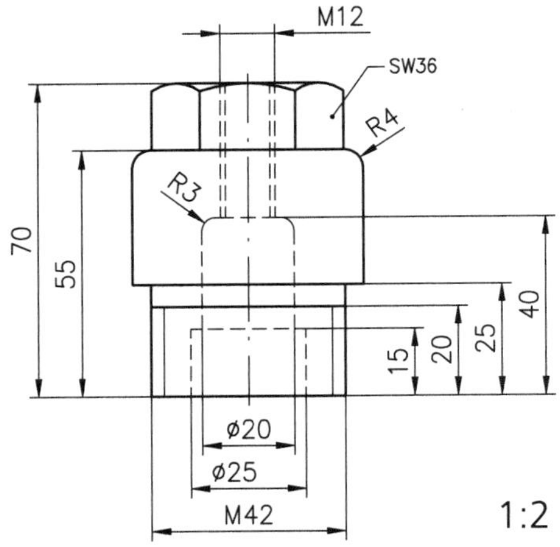

gesucht: Vorderansicht im Halbschnitt (Maßstab 1:1) und mit normgerechter Bemaßung

gegeben: Abstreifer ∅ 50 × 70 mit Sechskantschraube M 12 × 50 DIN EN ISO 4017

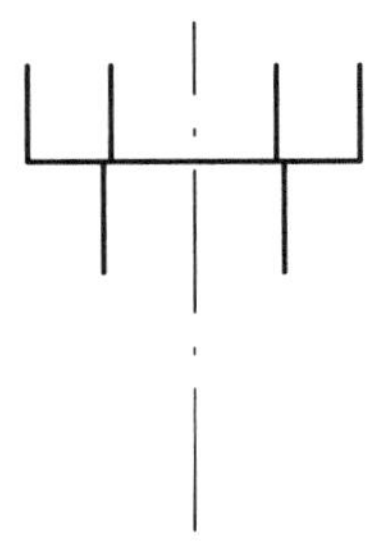

(Verantw. Abt.)	(Technische Referenz)	Erstellt durch	Genehmigt von	
		Dokumentart Zeichnung	(Dokumentstatus)	
		Titel Verschraubung – Abstreifer	Sach-/Zeichnungsnummer	
			(Änd.) Ausgabedatum	(Spr.) (Blatt) 6.8

Welche Gewindedarstellung entspricht der Zeichnungsnorm?

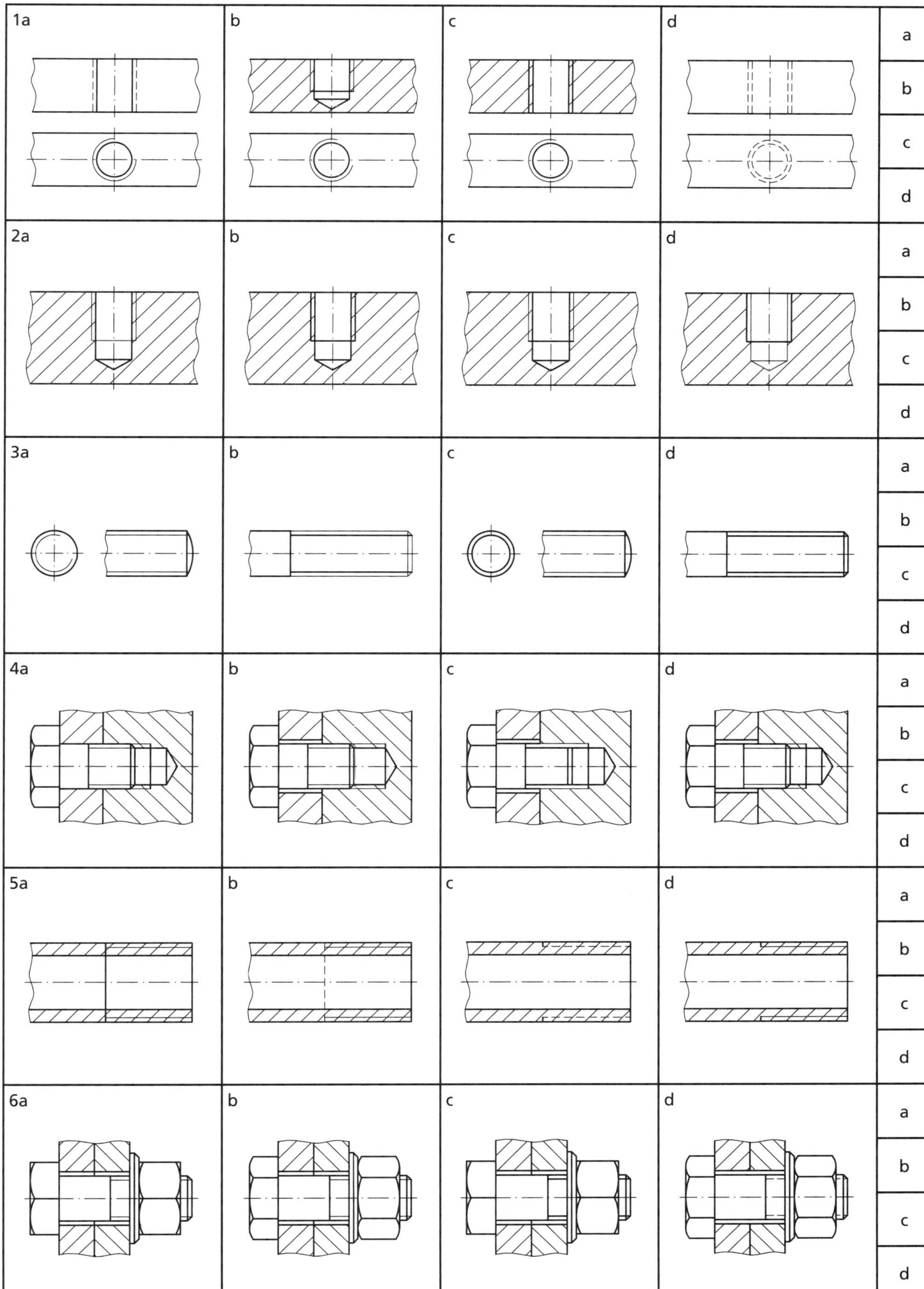

DIN ISO 6410	Gewindedarstellung – Zeichnungslesen	Name		
		Klasse	Datum	6.9

gesucht: normgerechte Ergänzung, (Maßstab 1:1)
gegeben: **Anschlagstück** mit M 100 × 4
Werkstoff: S275
Mittenrauwert der Oberflächen *Ra* = 25 µm
Bohrung und Kegel geschliffen
DIN ISO 2768-m

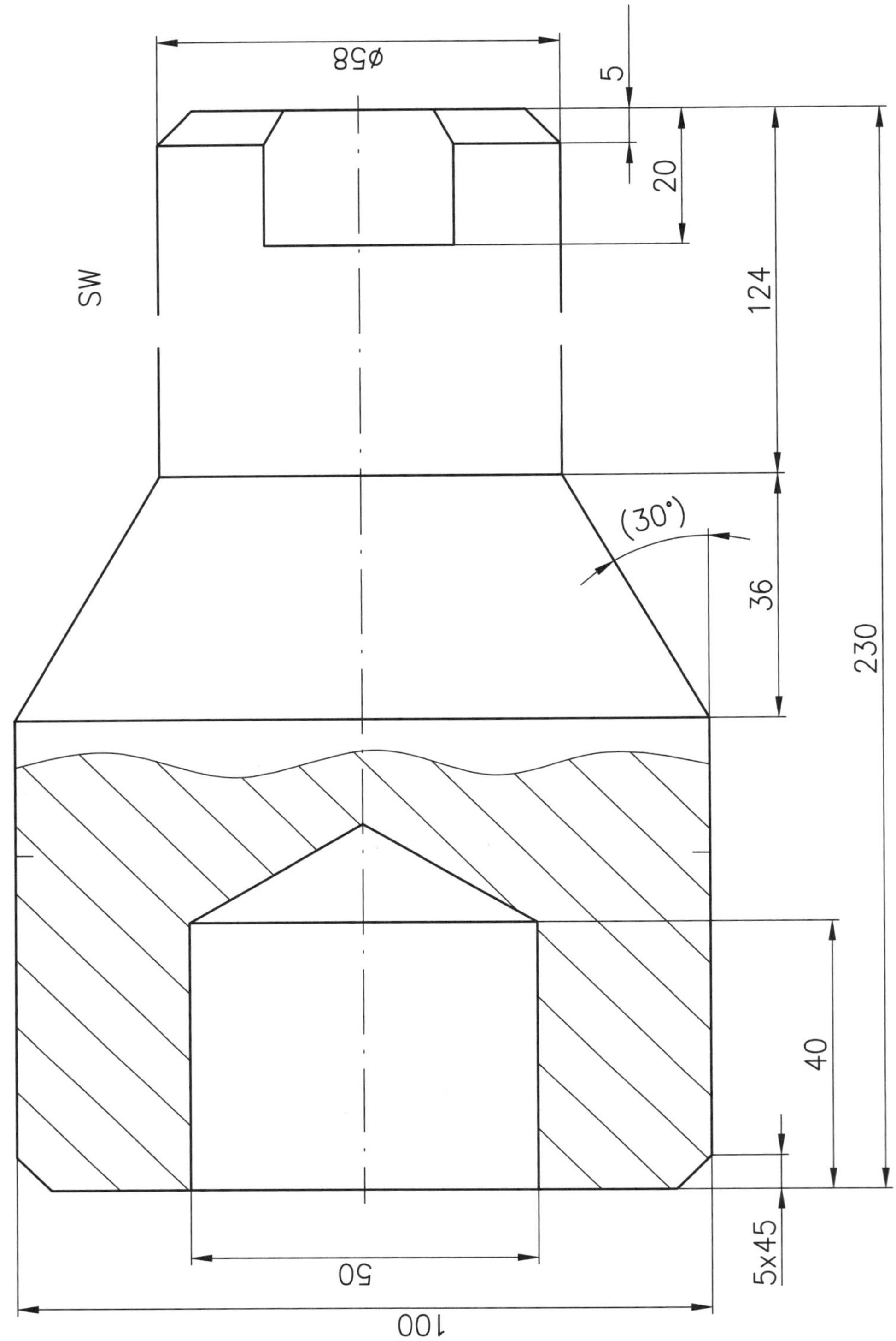

(Verantw. Abt.)	(Technische Referenz)	Erstellt durch	Genehmigt von	
		Dokumentart Zeichnung	(Dokumentstatus)	
		Titel Normgerechte Ergänzung – Anschlagstück	Sach-/Zeichnungsnummer	
			(Änd.) Ausgabedatum (Spr.)	(Blatt) **6.10**

Informationen

1. Kurzzeichen = vereinfachte Angabe von Stäben und Profilen
   Die vereinfachte Angaben von Halbzeugen (Stäbe und Profile) findet ihre Anwendung in Zeichnungen, vorwiegend des Stahl- und Metallbaus sowie in Stücklisten.

2. Vereinfachte Angabe von Profilen
   Flachstahl DIN EN 10058 – 50×5-1000 ⇒ Die vereinfachte Angabe besteht grundsätzlich aus der Normbezeichnung und, wenn notwendig, durch eine mit Bindestrich abgesetzte Längenangabe.

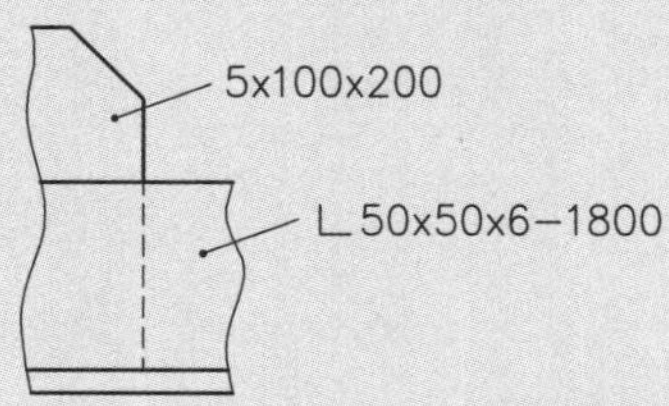

⇒ Innerhalb von Zeichnungen besteht die Bezeichnung meist aus dem grafischen Symbol und den Maßen.

3. Grafische Symbole ⇒ Der Stahl- und Metallbau verarbeitet meist warmgewalzte Halbzeuge zu Fertigerzeugnissen.

Bezeichnungsbeispiele:

4×120×200	Blech (ohne Symbol)
□ 50-250	Vierkantstahl
□ 50×5-1500	Hohlprofil/ Vierkantrohr
U100-3450	U-Stahl
∅ 60-120	Rundstahl
∅ 60×5-120	Rohr
L 60×6-250	Winkelstahl (gleichschenklig)
L 100×50×6-600	Winkelstahl (ungleichschenklig)

Benennung	**Norm**	**graf. Symbol**
Vierkant-/Quadratstahl	DIN EN 10059	□
Flachstahl	DIN EN 10058	▭
Bandstahl $t > 3$ mm	DIN EN 10051	ohne
Blech $t > 3$ mm	DIN EN 10029	ohne
Rundstahl	DIN EN 10060	∅
Sechskantstahl	DIN EN 10061	⬡
Winkelstahl	DIN EN 10056-1	L
T-Stahl	DIN EN 10055	T
U-Stahl	DIN 1026	U
Z-Stahl	DIN 1027	Z
I-Träger	DIN 1025	I

Auszug: Ausschließlich warmgewalzte Halbzeuge

Die Symbole sind für Voll- und Hohlprofile gleich, bei Hohlprofilen gibt man zusätzlich zum Nennmaß die Wanddicke t an.

4. Stückliste
   Stücklisten führen die Einzelteile von Baugruppen, z. B. einer Schweißgruppe, oder ganzer Erzeugnisse in tabellarischer Form auf. Sie stellen ein wichtiges Informations- und Kommunikationsmittel dar, z. B. innerhalb der Fertigung, der Montage oder dem technischen Einkauf.
   Eine Stückliste (Form A) besteht aus einem Schriftfeld nach DIN ISO EN 7200 und der darüber angeordneten Stücklistentabelle (Spaltenzahl = 6, Zeilenzahl = Anzahl der Positionen +1).

2	4	Stck	Sechskantschraube	ISO 4017 – M 12 × 60 – 8.8	
1	1	Stck	Halter	L-Profil DIN EN 10056-1 – 80 × 80 × 10 – 350	S235JO
Pos.	**Menge**	**Einheit**	**Benennung**	**Sachnummer/Norm-Kurzbezeichnung**	**Bemerkung**

(Verantw. Abt.)	(Technische Referenz)	Erstellt durch	Genehmigt von	
		Dokumentart	(Dokumentstatus)	
			Zeichnungsnummer	
			Ausgabedatum	(Spr.) (Blatt)

Schriftfeld nach DIN EN ISO 7200

DIN ISO 5261	Kurzbezeichnungen und Symbole 1	Name	
		Klasse	Datum

7.1

1. Tragen Sie die Kurzbezeichnung ein:

a) für einen gleichschenkligen Winkelstahl von 25 mm Schenkellänge, 3 mm Dicke und 2300 mm Länge.

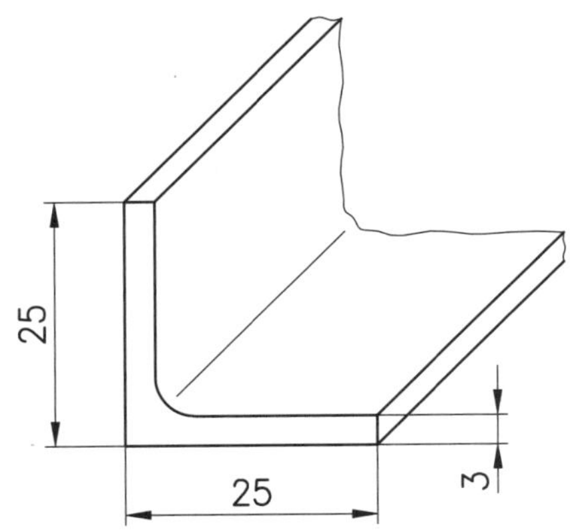

____

b) für ein Stahlblech von 8 mm Dicke, 200 mm Breite und 400 mm Länge.

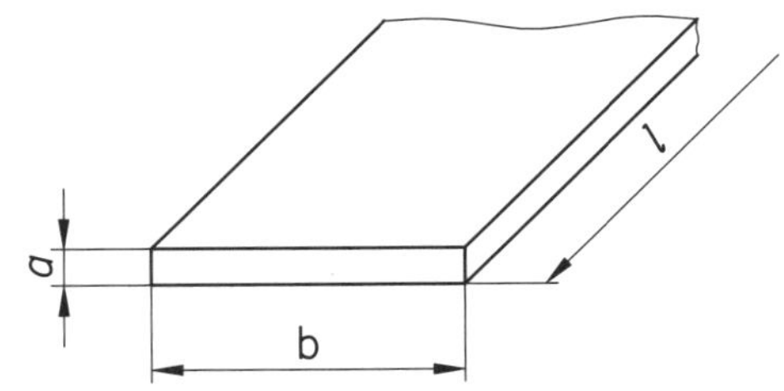

____

3. Geben Sie zu den Beschreibungen die Kurzbezeichnungen für Zeichnungen an:

Benennung	**Kurzbezeichnung**
Quadratstahl, Kantenlänge 50 mm, Gesamtlänge 500 mm	______
Flachstahl, Breite 100 mm, Dicke 10 mm, Länge 680 mm	______
Stahlblech, Dicke 6 mm, Breite 1250 mm, Länge 2500 mm	______
Rundstahl, 60 mm Durchmesser, 450 mm lang	______
Rohr, 50 mm Durchmesser, 8 mm dick, 3200 mm lang	______
Sechskantstahl, SW 50, 600 mm lang	______
ungleichschenkliger Winkelstahl, Höhe 60 mm, Breite 40 mm, Dicke 5 mm, Länge 750 mm	______
T-Stahl, Höhe 80 mm, Länge 200 mm	______
I-Träger, Höhe 180 mm, Breite 82 mm, 3800 mm lang	______
Quadratrohr, Kantenlänge 40 mm, Dicke 4 mm, Länge 2050 mm	______
Rechteckrohr, Höhe 100 mm, Breite 50 mm, Dicke 5 mm, Länge 3800 mm	______

DIN ISO 5261	Kurzbezeichnungen und Symbole 2	Name		
		Klasse	Datum	**7.2**

1. a) Vervollständigen Sie die Stückliste entsprechend folgender Vorgaben:

	Länge	Halbzeug	warmgewalzt/ kaltverfestigt
1	1,8 m	Quadratstahl mit 40 mm Kantenlänge	w
2	2,5 m	Sechskantstahl SW 40	k
3	1600 mm	Flachstahl, Breite 36 mm, Dicke 8 mm	w
4	1,2 m	Rundstahl, ∅ 45 mm	w
5	3800 mm	Stahlrohr, ∅ 60, Wanddicke 5 mm	w

Zu den Halbzeugen sind übliche Stähle nach DIN EN 10025 auszuwählen.

5	1				
4	1				
3	1				
2	1				
1	1				
Pos.	**Menge**	**Einheit**	**Benennung**	**Sachnummer/Norm-Kurzbezeichnung**	**Bemerkung**

b) Ermitteln Sie die Profilgewichtskräfte F_G in N, mithilfe der längenbezogenen Masse.

Informationen

Für die verschiedenen Berufsgruppen enthalten die üblichen Tabellenbücher eine Auswahl aus den gültigen DIN-Blättern über Halbzeuge:

Stab- und Formstahl			
Maße *d, a, s* in mm	**Masse in kg/m**		
32	6,31	8,04	6,06
36	7,99	10,2	8,81
38	8,90	11,3	9,82
40	9,68	12,6	10,9
45	12,5	15,9	13,8

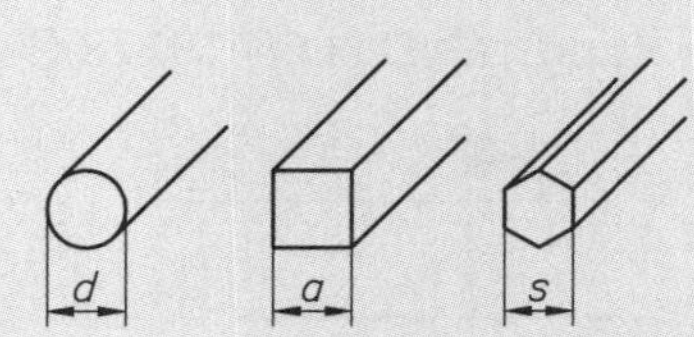

DIN 6771-1	Stücklisten – Arbeitsblatt 1	Name		
		Klasse	Datum	**7.3.1**

Flachstahl DIN EN 10058							
Breite in mm	Längenbezogene Masse in kg/m Dicke in mm						
	2	3	4	5	6	8	10
32	0,502	0,754	1,00	1,26	1,51	2,01	2,51
36	0,565	0,848	1,13	1,41	1,70	2,26	2,83
40	0,628	0,942	1,25	1,57	1,88	2,51	3,14
45	0,707	1,06	1,41	1,77	2,12	2,83	3,53
50	0,785	1,18	1,57	1,96	2,36	3,14	3,93

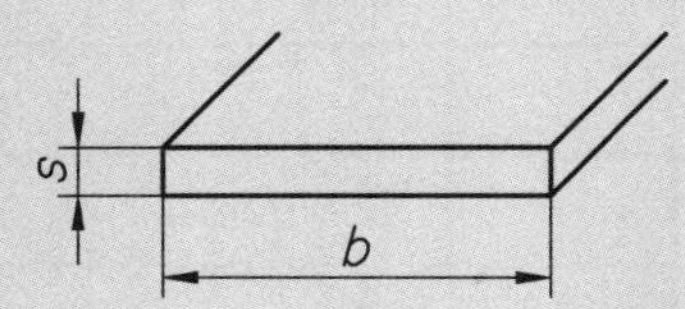

Stahlrohre DIN EN 10305					
Außen-∅ in mm	Längenbezogene Masse in kg/m Dicke in mm				
	2	3	4	5	6
32	1,46	2,15	2,76	3,33	3,85
38	1,78	2,89	3,35	4,07	4,74
40	1,87	2,74	3,55	4,32	5,03
50	2,37	3,48	4,54	5,55	6,51
60	2,86	4,22	5,52	6,78	7,09

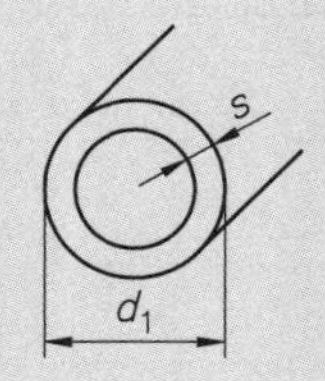

a) Geben Sie die normgerechte Bezeichnung für die Bestellung des Stahlrohres an.

____

b) Bei den Halbzeugen unterscheidet man die Anlieferungszustände warmgewalzt und kaltverfestigt. Worin liegen die Unterschiede bezüglich der Querschnittsform und der Maße?

____

____

____

____

c) Erläutern Sie die Halbzeugbezeichnungen:

– Rundstab DIN EN 10278-∅ 80-250-E335+C

____

____

– U-Profil DIN 1026-U100-2450-S335J2

____

____

DIN 6771-1	Stücklisten – Arbeitsblatt 2	Name	
		Klasse	Datum
			7.3.2

gegeben: Gruppenzeichnung eines Stehlagers mit folgenden Einzelteilen:

- Lagerkörper EN-GJL-200, Lageroberteil EN-GJL-200
- Wälzlager DIN 5412-NU212, Verschlussschraube DIN 910 – M10×1-St
- Schraube für T-Nuten DIN 787 – M10×55-8.8
- Sechskantmutter mit Klemmteil DIN EN ISO 7040 – M10-8
- Scheibe DIN EN ISO 7089 – A 10,5 – St
- Schraube für T-Nuten DIN 787 – M10×25-8.8
- Kronenmutter DIN EN ISO 10511 – M10-8

gesucht: **1. a)** Legen Sie für die Gruppe die Positioniernummern in eindeutiger Reihenfolge (im Uhrzeigersinn, zuerst die zu fertigenden Teile, dann Kauf- bzw. Normteile) fest.

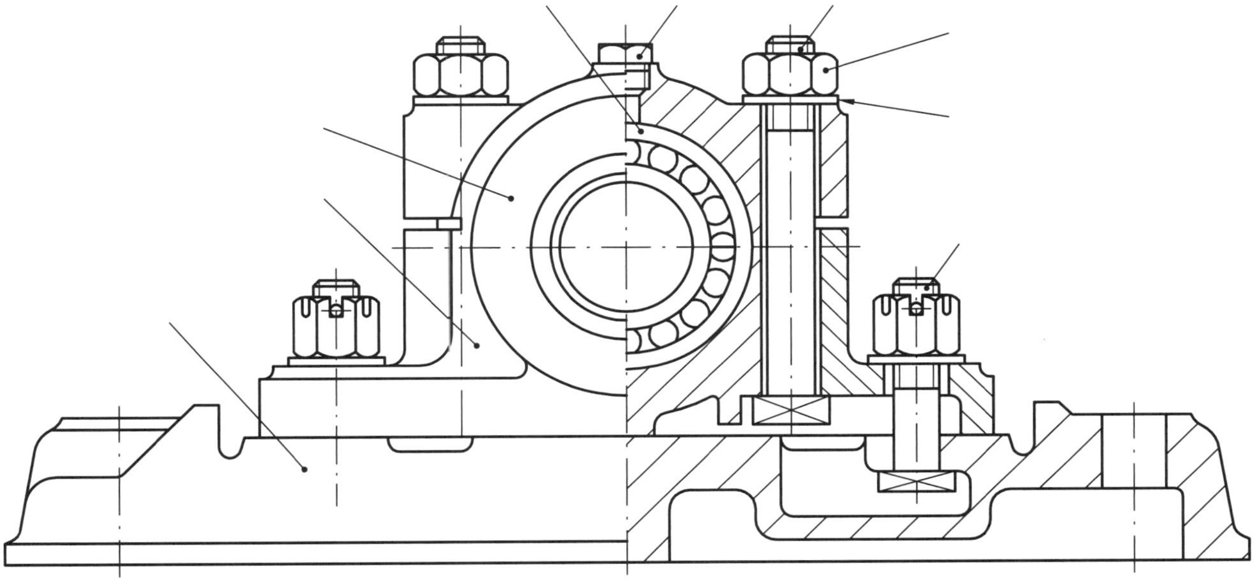

Informationen

1. Die Pos.-Nr. ist mindestens eine Schriftgröße größer als die Maße zu schreiben.
2 Jede Pos.-Nr. ist mit dem zugeordneten Teil durch eine Hinweislinie (schmale Volllinie) verbunden. Diese endet mit einem Punkt in einem Bauteil bzw. mit einem Pfeil an einer Körperkante.
3. Hinweislinien dürfen sich nicht kreuzen, sie sind so kurz wie möglich zu zeichnen.
4. Anordnung der Pos.-Nr senkrecht untereinander oder in horizontaler Reihe. Die Reihenfolge der Pos.-Nr. wird nach bestimmten Kriterien festgelgt, z. B. nach der Montagefolge.
5. Pos.-Nr. von identischen Teilen werden nur einmal eingetragen.
6. Pos.-Nr. von zusammengehörenden Bauteilen dürfen an einer Hinweislinie stehen.

DIN 199-1 DIN ISO 6433	Positionsnummern in Gruppenzeichnungen – Arbeitsblatt 1	Name		
		Klasse	Datum	**7.4.1**

1. b) Erstellen Sie eine Stückliste nach DIN 6771-2.

10	2				
9	2				
8	4				
7	2				
6	2				
5	1				
4	1				
3	1				
2	1				
1	1				
Pos.	**Menge**	**Einheit**	**Benennung**	**Sachnummer/Norm-Kurzbezeichnung**	**Bemerkung**

2. a) Unterscheiden Sie zwischen einer Gruppen- und einer Gesamtzeichnung.

b) Warum endet die Hinweislinie bei der Scheibe mit einem Pfeil anstatt mit einem Punkt?

c) Erklären Sie die angegebenen Bezeichnungen der Normteile.

d) Warum wird für den Lagerkörper bevorzugt der Werkstoff EN-GJL verwendet?

e) Wie wird ein Verdrehen der Schrauben beim Anziehen verhindert?

f) Wann sind Gewindeverbindungen kraftschlüssig, wann formschlüssig?

g) Wann sind Schraubensicherungen kraftschlüssig, wann formschlüssig? Geben Sie je ein Beispiel an.

DIN 199-1 DIN ISO 6433	Positionsnummern in Gruppenzeichnungen – Arbeitsblatt 2	Name		
		Klasse	Datum	**7.4.2**

DIN 199-1 DIN ISO 6433	Positionsnummern in Gruppenzeichnungen – Arbeitsblatt 3	Name		
		Klasse	Datum	7.4.3

Kartesisches Koordinatensystem (allgemein: *x*-*y*-Koordinaten)

Koordinatenachsen:
waagerechte Achse = Abszisse
senkrechte Achse = Ordinate

Pfeile kennzeichnen Achsrichtung:
rechts und oben = positiv (+)
links und unten = negativ (–)

Skalen teilen die Achsen meist linear.

Jeder Punkt ist eindeutig durch ein Wertepaar (x, y) festgelegt.

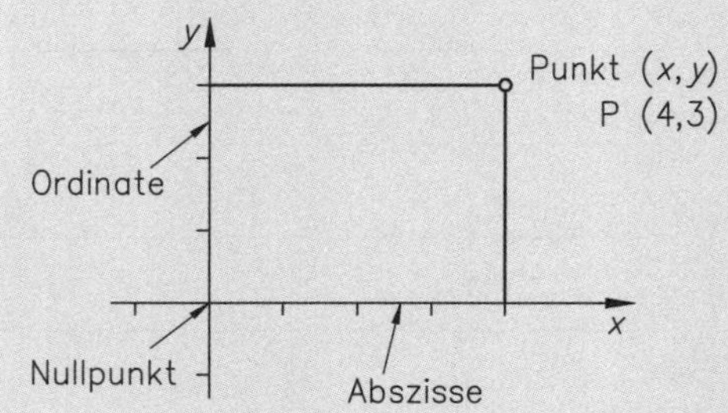

Kartesisches Koordinatensystem (Diagramm)

Mathematische, physikalische und technische Zusammenhänge bzw. Abhängigkeiten werden meistens in kartesischen Koordinatensystemen dargestellt.
Die Achsen werden durch die Formelzeichen und die Einheiten gekennzeichnet. Dabei wird die veränderliche Größe auf der Abszisse und die abhängige Größe auf der Ordinate eingetragen.

- **Lineare Abhängigkeit**

Ist der Zuwachs gleich, so ist der Graf eine Gerade. Man spricht von einer linearen Abhängigkeit oder linearen Funktion.

Beispiel:
Werkstoffprüfung:
Abhängigkeit der Kraft *F* von der Längenänderung Δl

Kraft *F* in N	0	1000	2000	3000
Längenänderung Δl in mm	0	0,15	0,3	0,45

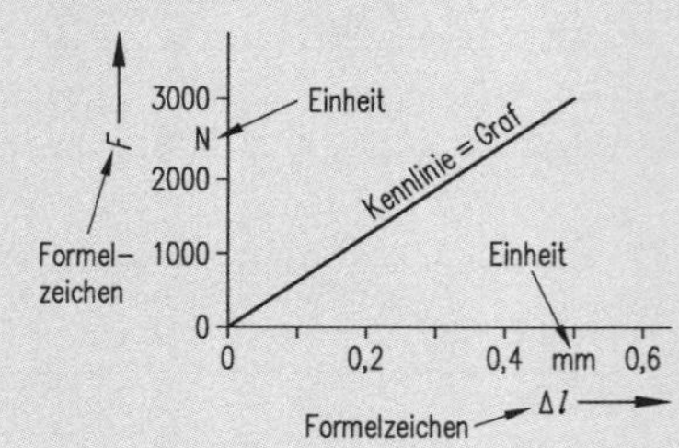

- **Nichtlineare Abhängigkeit**

Ist der Zuwachs ungleich, so ist der Graf eine Kurve. Man spricht von einer nichtlinearen Abhängigkeit bzw. man benennt die Abhängigkeit, z. B. quadratische Abhängigkeit oder quadratische Funktkion.

Beispiel:
Längenbezogene Maße von Stahlrundstäben:
Abhängigkeit der Masse *m'* vom Stabdurchmesser *d*

m' in g/m	0	25	100	155	220	400
Stab ∅ *d* in mm	0	2	4	5	6	8

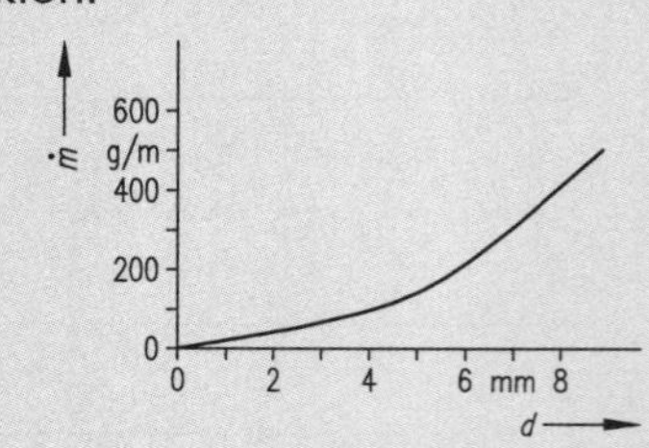

Balken-/Säulendiagramm

Bestehen keine Abhängigkeiten und sollen Werte oder Größen miteinander verglichen werden, kann man dies anschaulich in einem Balken- oder Säulendiagramm darstellen.
Die Größen werden durch Balken/Säulen gleicher Breite dargestellt, die Länge der Balken bzw. Höhe der Säulen stellt den Wert dar.

Beispiel:
Umsatzzahlen:
Umsätze eines Unternehmens in den letzten 3 Jahren

Jahr	2007	2008	2009
Umsatz in Mio. €	8,4	9,3	7,5

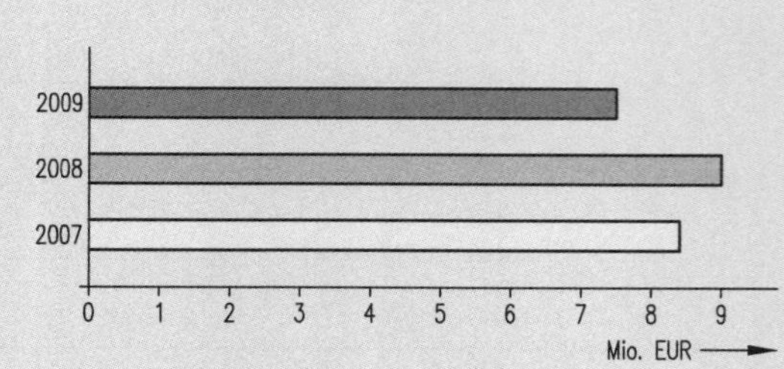

Kreisflächendiagramm (Tortendiagramm)

Verteilungen (Werte), die in der Summe 100 % ergeben, werden häufig mittels Kreisflächendiagramm dargestellt. Dabei beträgt der Umfang der Kreisfläche 100 % bzw. 360°. Die Gradanteile der einzelnen Werte berechnen sich dann zu:

$$a = \frac{360° \cdot X\ \%}{100\ \%}$$

Beispiel:
Artikelverteilung

Produkt	A	B	C	D
Anteil	8,5 %	18 %	40 %	33,5 %

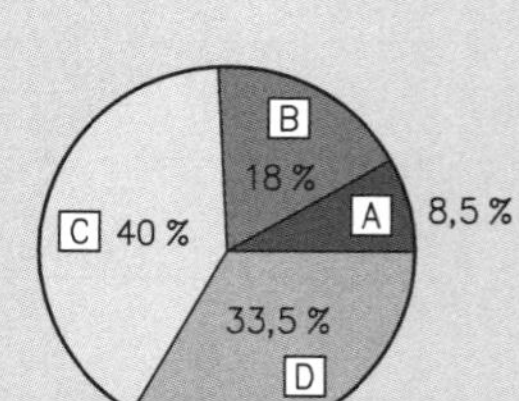

DIN 461	Kartesisches Koordinatensystem und Diagramme	Name	
		Klasse	Datum
			7.5

1. Eine zylindrische Druckfeder DIN 2098-2×25×88,5 wurde geprüft. Dabei ergaben sich folgende Kräfte:

Federkraft *F* in N	0	25	50	75	100
Federweg *s* in mm	0	13,15	26,3	39,45	52,6

Stellen Sie die Versuchsergebnisse in einem kartesischen Diagramm dar.

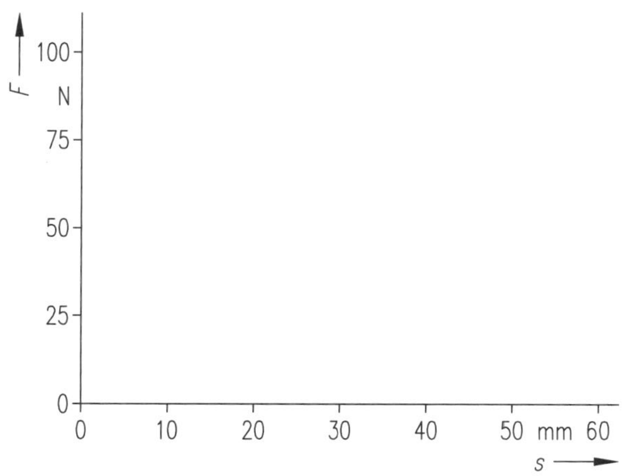

2. Ein Unternehmen hat von einem Produkt A, seit der Markteinführung 2005, folgende Stückzahlen verkauft:

Jahr	2005	2006	2007	2008	2009
Stück	1350	5080	6700	7430	6250

Vergleichen Sie die Verkaufszahlen in einem Balkendiagramm.

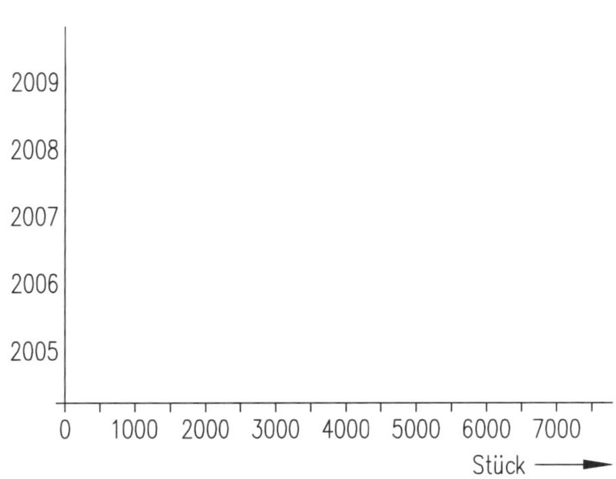

3. Stahlstäbe aus S235JR+C wurden auf ihre Belastbarkeit getestet. Folgende Kräfte wurden gemessen:

Belastung *F* in N	3680	9425	17 820	28 860	42 560
Stab-∅ *d* in mm	2,5	4	5,5	7	8,5

Stellen Sie die Versuchsergebnisse in einem kartesischen Diagramm dar.

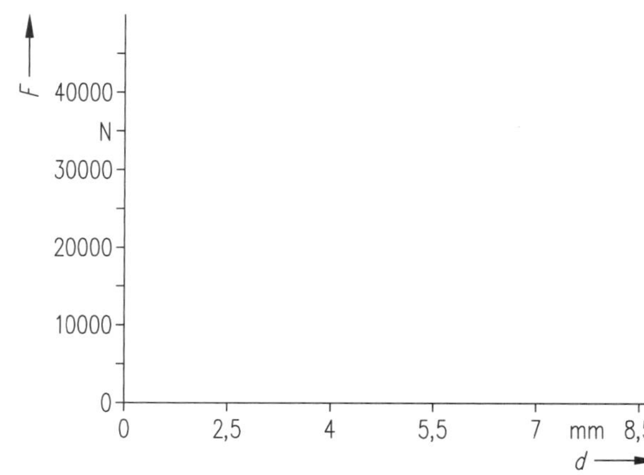

4. Eine Kupfer-Guss-Legierung nach DIN EN 1982 hat folgende Bezeichnung: CuAl10 Fe5Ni5-C

Stellen Sie die Legierungsanteile in einem Kreisflächendiagramm dar.

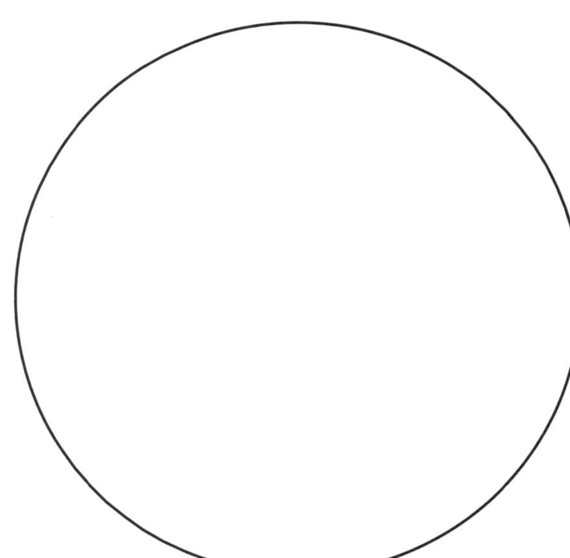

DIN 461	Kartesisches Koordinatensystem und Diagramme – Übung	Name		
		Klasse	Datum	**7.6**

Erstellen Sie zu den Aufgabenstellungen technischen Texte unter Verwendung von Fachbegriffen.

1. Funktionsbeschreibung Rastsperre

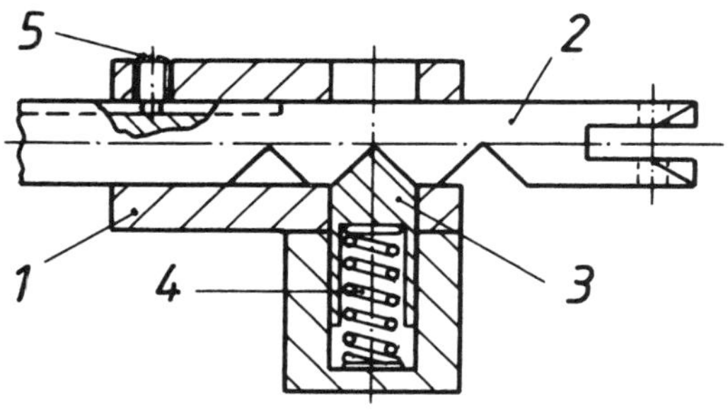

2. Fertigungsbericht Langloch (Pos. 2)

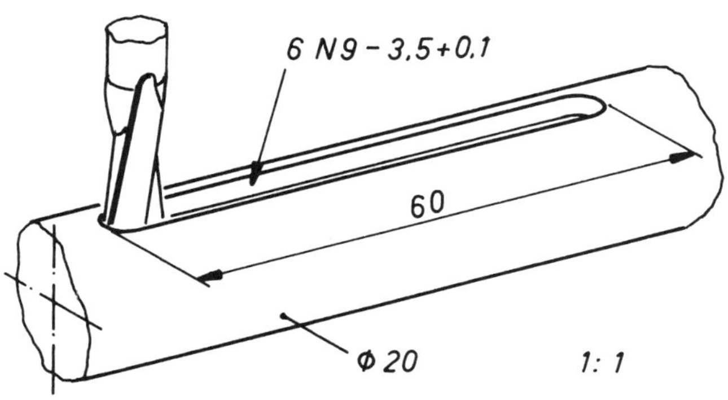

3. Beschreibung des Grenzlehrdornes, Prüfbericht Gehäusebohrung (Pos. 1)

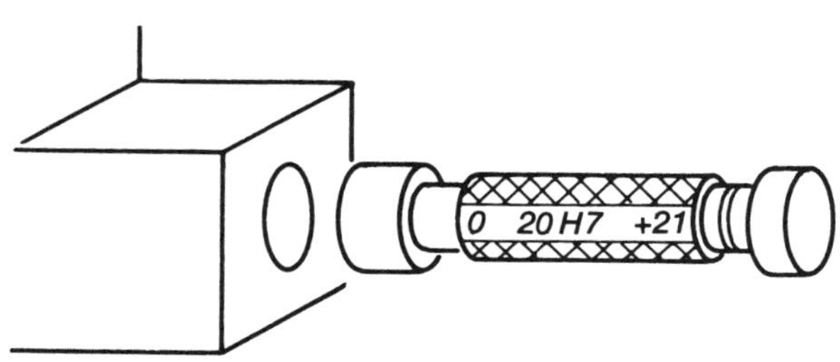

4. Arbeitsanweisung Federwickeln (Pos. 4)

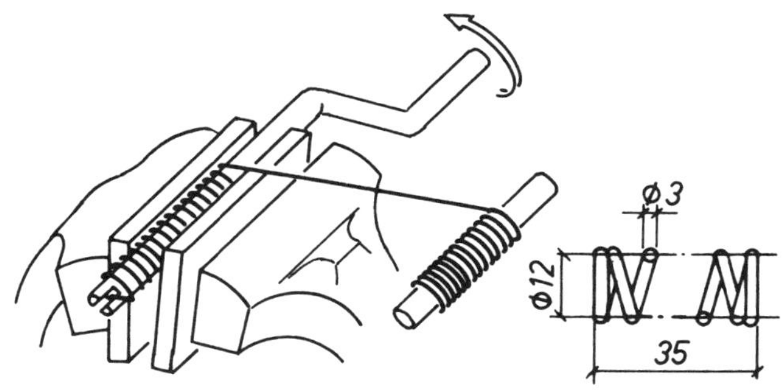

5. Arbeitsplan für das Herstellen des Raststifts (Pos. 3)

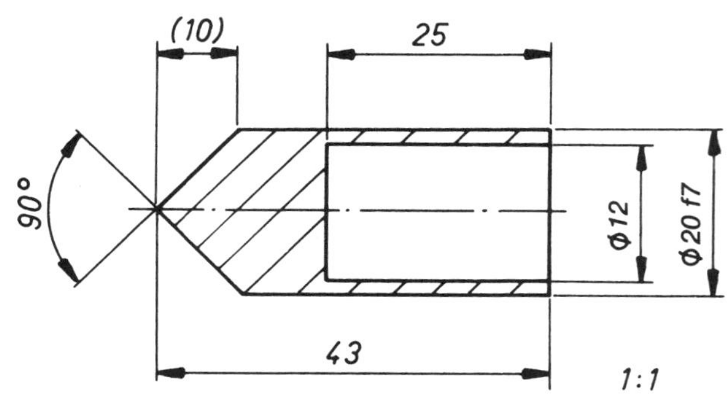

6. Montageanleitung Rastsperre

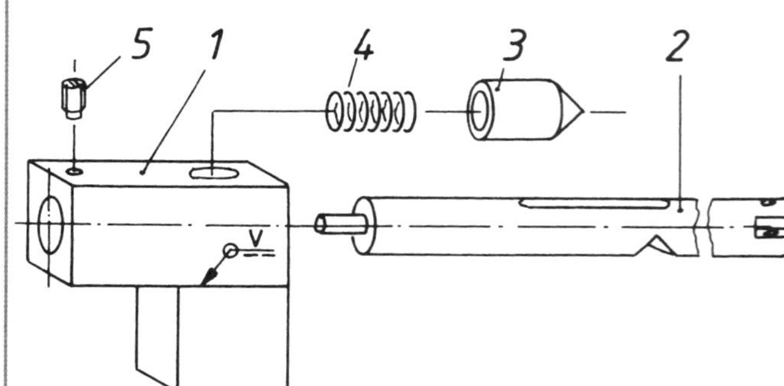

Informationen

1. Gehäuse, Rastbolzen, Raststift, Druckfeder, Gewindestift, Zentrierung, Sicherung.
2. Fräsertyp, Spannmittel, Richtwerte, Unfallverhütung, Zeichnungsvereinfachung DIN 30.
3. Grenzlehrdorn, Mittelstück, Messzylinder, Passmaß, Abmaße, Eigengewicht, anschnäbeln.
4. Wickeldorn, Querbohrung, Spannung, Steigung, planschleifen, Holzbacken, Holzdorn.
5. Rohstück, Spannmittel, Richtwerte, Werkzeuge, Arbeitsstufen, Plan-, Lang- und Kegeldrehen.
6. Explosionszeichnung, Reihenfolge, Güte-, End- und Funkionskontrolle

DIN 199-1	Technische Texte – Aufgabenstellung	Name		
		Klasse	Datum	**7.7.1**

DIN 199-1	Technische Texte – Arbeitsblatt 1	Name		
		Klasse	Datum	**7.7.2**

DIN 199-1	Technische Texte – Arbeitsblatt 2	Name		
		Klasse	Datum	7.7.3

DIN 199-1	Technische Texte – Arbeitsblatt 3	Name		
		Klasse	Datum	7.7.4

gegeben:

Erforderliche Informationen für die Fertigung:

- Werkstoff für das Prismenunter- und Oberteil S235JR
- Oberflächenbeschaffenheit nach *Ra* = 6,3 µm
- Prismenflächen nach *Ra* = 1,6 µm
- Tolerierung des Prismenabstandes ± 0,1 mm
- Maße ohne Toleranzangabe nach DIN ISO 2768-m
- Erforderliche Maße sind der Zeichnung zu entnehmen
- Federdrahtsorte SL

Gesamtzeichnung:

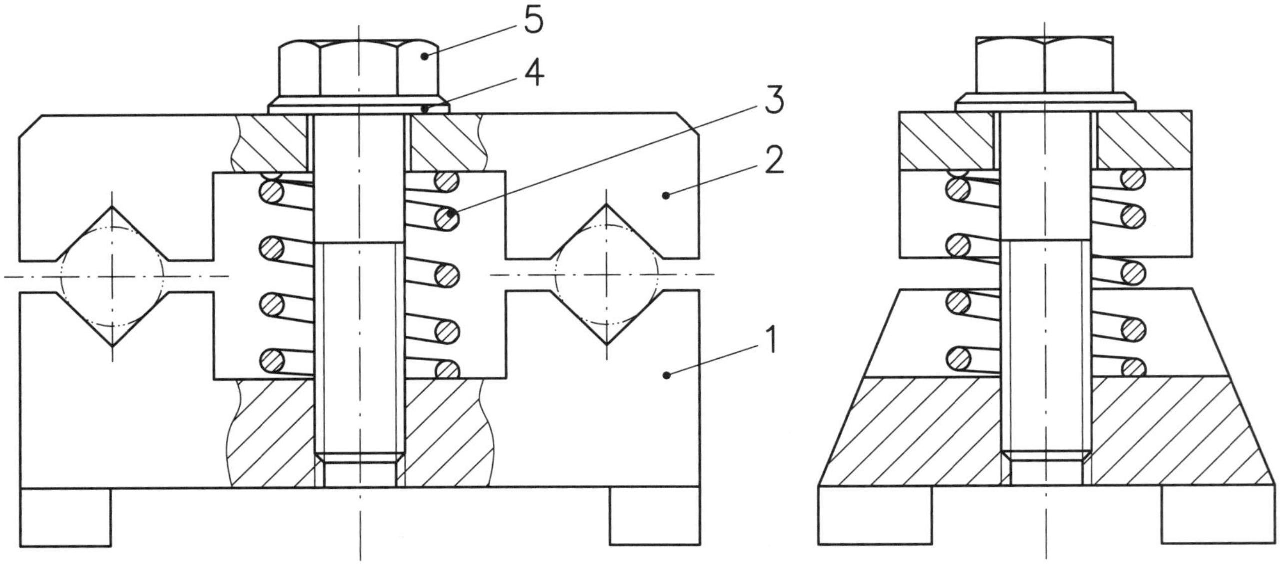

gesucht:

a) Erstellen Sie für die Gesamtzeichnung der Spannvorrichtung eine Stückliste nach DIN 6771.

Pos.	Menge	Einheit	Benennung	Sachnummer/Norm-Kurzbezeichnung	Bemerkung
5	1				
4	1				
3	1				
2	1				
1	1				

DIN 199-1	Einzelteilzeichnung – Aufgabenstellung	Name		
		Klasse	Datum	7.8.1

b) Erstellen Sie von Teil 1 der Spannvorrichtung eine Fertigungszeichnung im Maßstab 1:1 (Seitenansicht im Schnitt).

DIN 199-1	Einzelteilzeichnung – Arbeitsblatt 1	Name		
		Klasse	Datum	7.8.2

c) Skizzieren Sie die Druckfeder als Sinnbild und in Schnittdarstellung.
Die Feder ist im ungespannten Zustand 30 mm lang, sie hat 3 federnde Windungen, die Enden sind angelegt und plangeschliffen.

Sinnbild	Schnittdarstellung

Kontext-Aufgaben

d) Berechnen Sie für die Druckfeder (Pos. 3) die benötigte Federdrahtlänge.

e) Geben Sie für die Sechskantschraube (Pos. 4) nach DIN EN ISO 4014 die Maße SW, *k* sowie den Durchgangsloch-∅ d_h an.

f) Bestimmen Sie die Gewindelänge der Sechskantschraube.

g) Errechnen Sie die Mindesteinschraubtiefe l_e für diese Schraube.

h) Das Oberteil der Vorrichtung soll um 5 mm angehoben werden. Wie viel Umdrehungen muss die Sechskantschraube dazu machen?

i) Mit welchem Werkzeug wird die Sechskantschraube zweckmäßig angezogen bzw. gelöst?

j) Welche Aufgabe hat die Scheibe unter der Sechskantschraube?

k) Planen Sie die Fertigung des Oberteils (Pos. 2).

DIN 199-1	Einzelteilzeichnung – Arbeitsblatt 2	Name		
		Klasse	Datum	7.8.3

DIN 199-1	Einzelteilzeichnung – Arbeitsblatt 3	Name		
		Klasse	Datum	7.8.4

Zielsetzung: **Lesen, Anwenden und Erstellen von technischen Unterlagen**

Basis-Aufgabe: Zeichnen Sie freihand den Spanndorn mit Zentrierspitze und Überwurfmutter als Zusammenbau-Zeichnung.

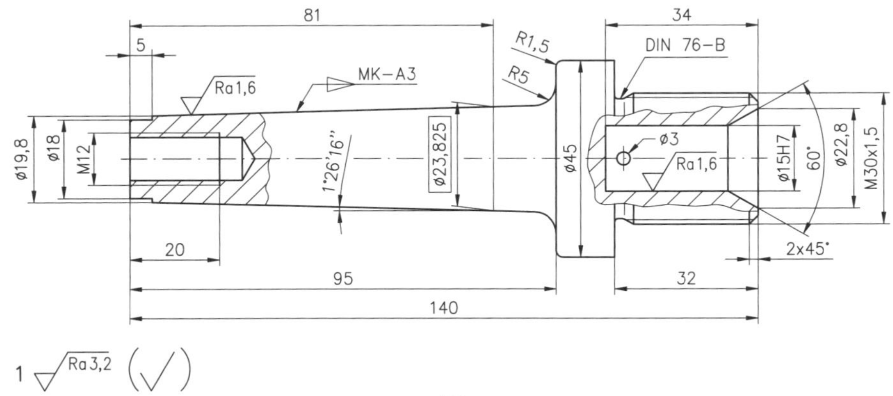

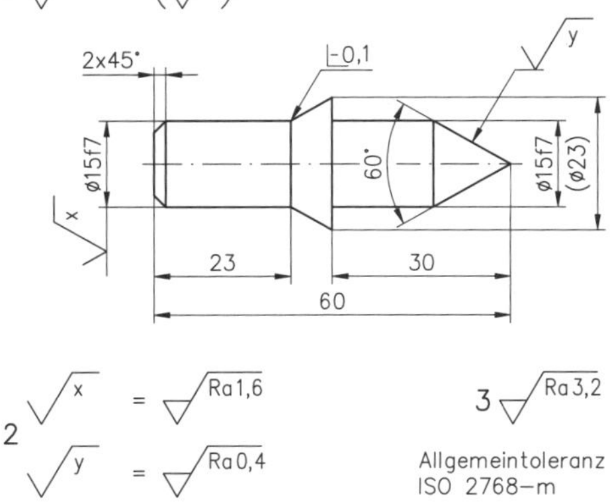

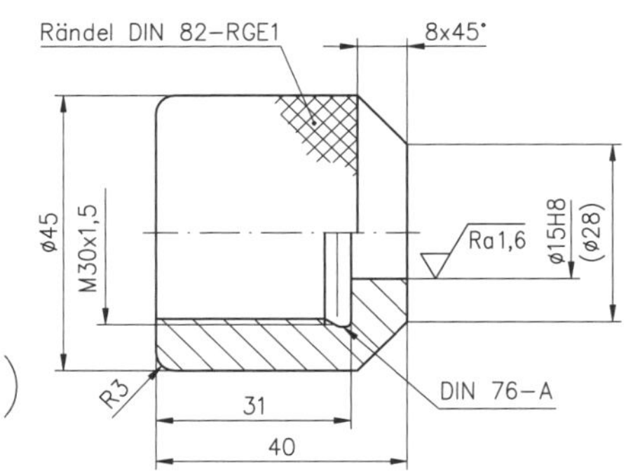

3 Ra3,2

Allgemeintoleranz ISO 2768–m

Kontext-Aufgaben

Informationsaufgaben

a) Was besagt die Eintragung „Rändel DIN 82-RGE1" bei der Überwurfmutter (Pos. 3)?

b) Warum ist der Spanndorn (Pos. 1) am linken Ende auf ∅ 18×5 abgesetzt?

c) Welche Passungsarten ergeben sich beim Fügen der Werkstücke?

d) Geben Sie den Kernlochbohrungsdurchmesser für das Innengewinde M12 an.

e) Welche Bedeutung hat das Kürzel MK-A3?

f) Welchen Zweck erfüllt die Bohrung ∅ 3 im Grundloch des Spanndorns (Pos. 1)?

g) Aus welchem Grund ist im Spanndorn (Pos. 1) das Innengewinde M12 vorgesehen?

h) Erläutern Sie die Symbole an der Zentrierspitze (Pos. 2).

i) Erklären Sie die Werkstoffbezeichnung 18CrNi8.

Planungsaufgaben

j) Geben Sie die Arbeitsschritte zur konventionellen Fertigung der Zentrierspitze an.

k) Berechnen Sie für die Zentrierspitze das Zerspanungsvolumen in Prozent.

l) Geben Sie die Arbeitsschritte zur konventionellen Fertigung der Überwurfmutter an.

m) Erstellen Sie eine Arbeitsanweisung für das Rändeln.

n) Nennen Sie wichtige Unfallverhütungsvorschriften der Fertigung.

o) Erstellen Sie eine Werkzeug-Prüfmittelliste für die Fertigung der Werkstücke.

p) Zeigen Sie Verbesserungsvorschläge mit gleicher Funktion auf.

3	1	Stck	Überwurfmutter		S275JO
2	1	Stck	Zentrierspitze		18CrNi8
1	1	Stck	Spanndorn	DIN 228-MK-A3	E295
Pos.	**Menge**	**Einheit**	**Benennung**	**Sachnummer/Norm-Kurzbezeichnung**	**Bemerkung**

(Verantw. Abt.)	(Technische Referenz)	Erstellt durch	Genehmigt von	
		Dokumentart	(Dokumentstatus)	
		Titel Zentrierspitze – Aufgabenstellung	Sach-/Zeichnungsnummer	
			(Änd.) Ausgabedatum (Spr.)	(Blatt) **7.9.1**

1. **Zeichnen Sie freihand den Spanndorn mit Zentrierspitze und Überwurfmutter als Zusammenbau-Zeichnung.**

Kontext-Aufgaben

DIN 199-1	Zentrierspitze – Arbeitsblatt 1	Name	
		Klasse	Datum	7.9.2

DIN 199-1	Zentrierspitze – Arbeitsblatt 2	Name		
		Klasse	Datum	7.9.3

Informationen

1. Grundsymbole

Nahtarten	Illustration	Symbol
I-Naht	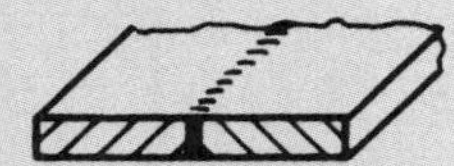	‖
V-Naht		V
Kehlnaht		◺

4. Bezugszeichen

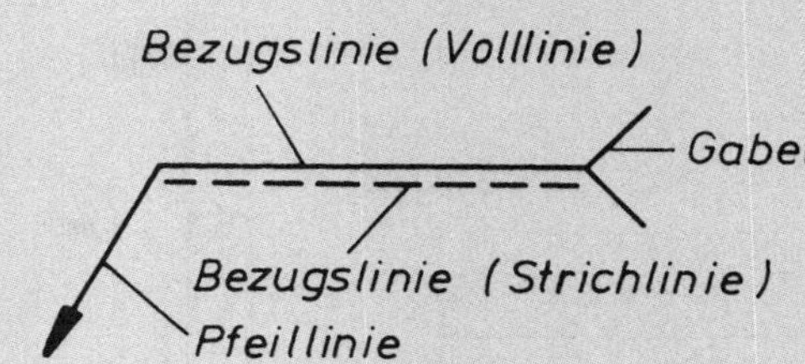

2. Zusatzsymbole

Oberflächen-form	Illustration	Zusatz-symbol
flach	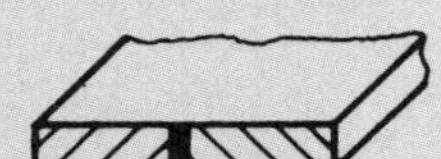	—
gewölbt		⌒
hohl		◡

5. Stellung des Symbols

Nahtart	Illustration	Symbolhafte Darstellung
I-Naht		
V-Naht		
Kehlnaht		

3. Grund- und Zusatzsymbole

Nahtarten	Illustration	Symbol
I-Naht (flach)		
V-Naht (gewölbt)		
Kehlnaht (hohl)		

6. Ergänzungssymbole

Verlauf und Art der Naht	Ergänzungssymbol
ringsumverlaufende Nähte z. B. Kehlnähte	
Montagenähte	

1. Die symbolhafte Darstellung und Bemaßung von Schweißnähten ist zu bevorzugen.
2. Zusatzsymbole können die Oberflächenform der Nähte kennzeichnen.
3. Grundsymbole können mit Zusatzsymbolen zusammengesetzt werden.
4. Das Bezugszeichen ≙ Bezugslinie + Pfeillinie wird mit schmaler Volllinie gezeichnet.
5. Das Symbol steht senkrecht zur Bezugslinie, gezeichnet mit breiter Volllinie.
6. Ergänzungssymbole geben Hinweis auf die Ausführung der Nähte.

DIN 22553	Schweißangaben 1	Name		
		Klasse	Datum	7.10

1. **Tragen Sie das Bezugszeichen mit Grundsymbol ein.**

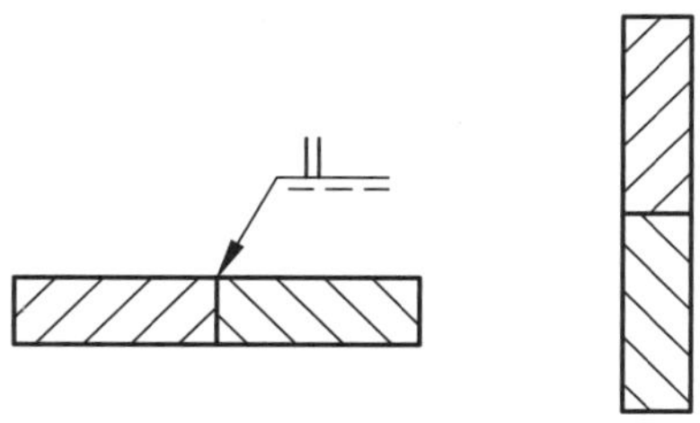

2. **Tragen Sie das Grundsymbol ein.**

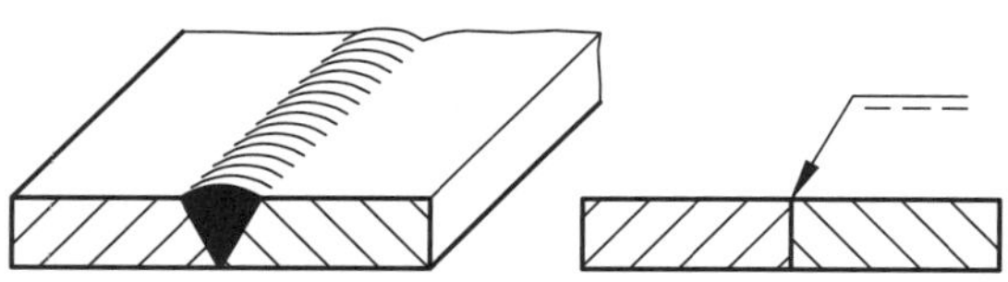

3. **Tragen Sie das Grundsymbol ein.**

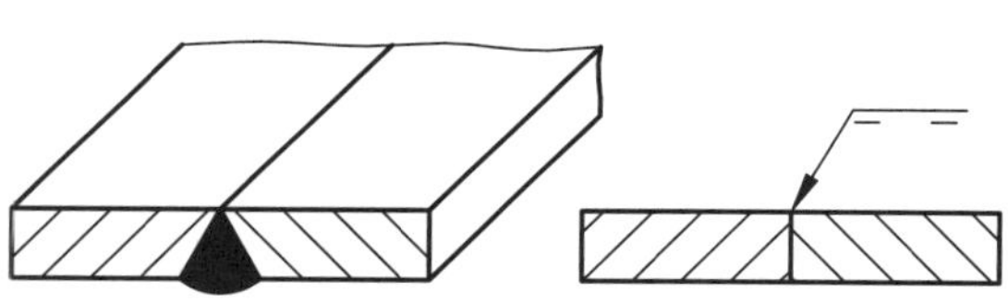

4. **Tragen Sie das Grundsymbol für die Kehlnaht ein.**

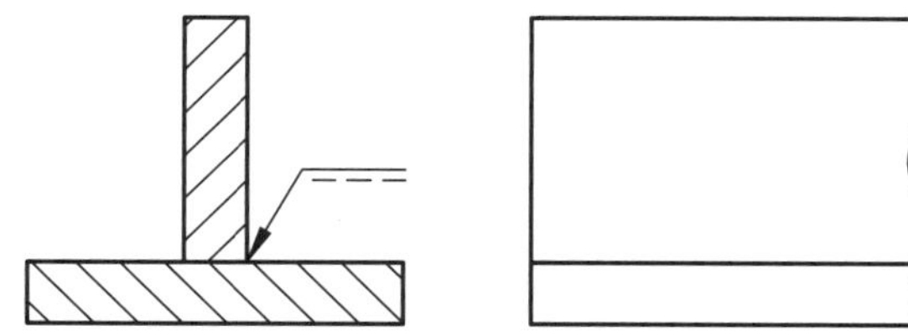

5. **Tragen Sie die Kehlnahtdicke ein. *a* = 6.**

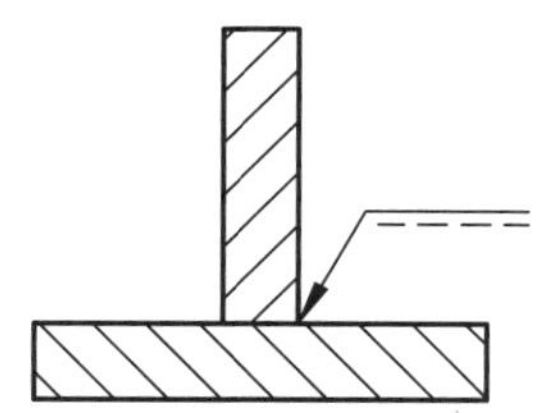

6. **Tragen Sie das Grundsymbol für die Kehlnaht ein.**

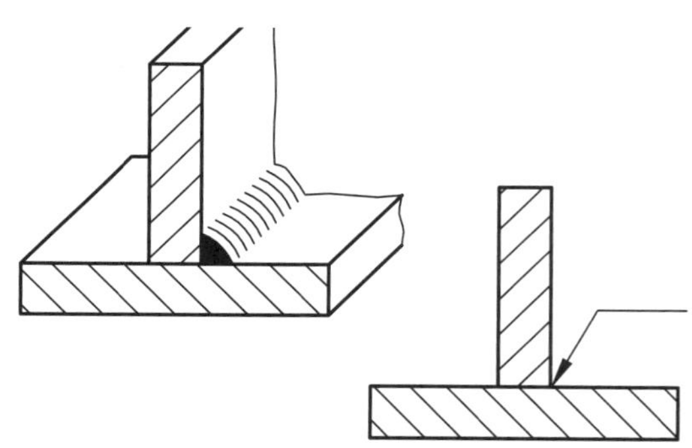

Informationen

1. Die Bezugslinie soll waagerecht zur Zeichnungshauptachse verlaufen.
2. Ist die Naht sichtbar, so wird das Symbol auf die Bezugslinie gesetzt.
3. Ist die Naht verdeckt, so wird das Symbol unter die Bezugslinie (= Seite der Strichlinie) gesetzt.
4. Für eine Naht sind die Symbole nur einmal einzutragen
5. Das Maß für die Nahtdicke ist stets vor dem Symbol einzutragen.
6. Bei einer beidseitigen Kehlnaht wird das Symbol auf und unter die Bezugslinie gesetzt. Die Strichlinie entfällt.

DIN 22553	Schweißangaben 2	Name		
		Klasse	Datum	**7.11**

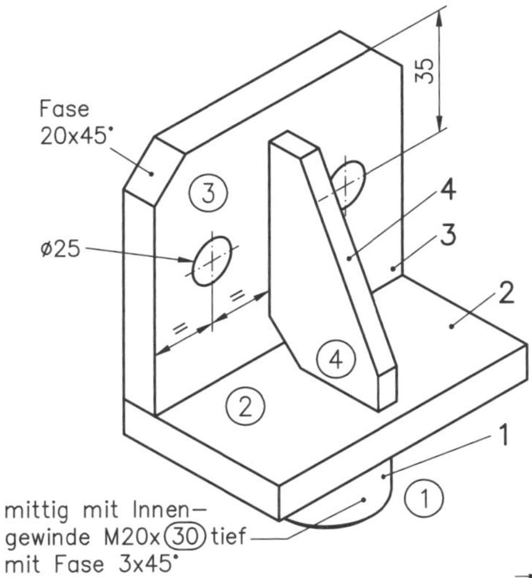

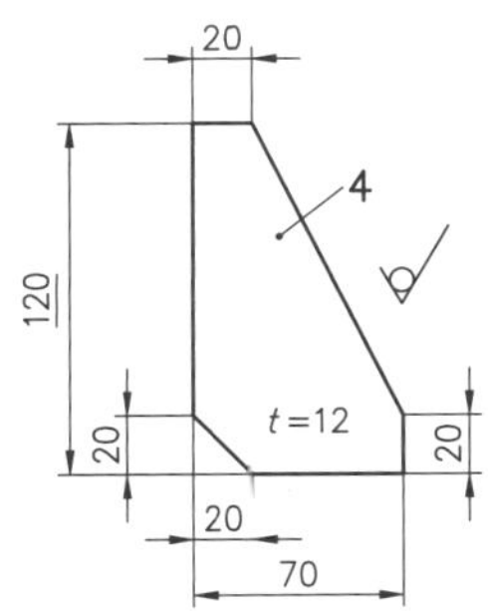

gesucht: Vorder- und Seitenansicht
Maßstab 1:2, Stückliste

gegeben: Geschweißte Konsole
Allgemeintoleranz DIN ISO 2768-c
Werkstoff S235JR+C
Teil 1 ∅ DIN EN 10278 – 60×50
Teil 2 ▭ DIN EN 10278 – 100×20-160
Teil 3 ▭ DIN EN 10278 – 140×20-160
Teil 4 ▭ DIN EN 10278 – 70×12-120

Nähte:
① 10 mm Kehlnaht (gewölbt)
② V-Naht (eben)
③ 8 mm Kehlnaht (hohl)
④ 5 mm Doppelkehlnaht

(Verantw. Abt.)	(Technische Referenz)	Erstellt durch	Genehmigt von	
		Dokumentart Gruppenzeichnung	(Dokumentstatus)	
		Titel Schweißangaben – Konsole	Sach-/Zeichnungsnummer	
			(Änd.) Ausgabedatum (Spr.)	(Blatt) **7.12.1**

Pos.	Menge	Einheit	Benennung	Sachnummer/Norm-Kurzbezeichnung	Bemerkung
4	1				
3	1				
2	1				
1	1				

(Verantw. Abt.)	(Technische Referenz)	Erstellt durch	Genehmigt von	
		Dokumentart Stückliste	(Dokumentstatus)	
		Titel Schweißangaben – Konsole	Sach-/Zeichnungsnummer	
			(Änd.) Ausgabedatum (Spr.)	(Blatt) 7.12.2

Informationsphase:	Informieren Sie sich sorgfältig über die Zeichnungsangaben. Vorüberlegung – Erfassen der zeichnerischen Darstellung, – Erfassen der zeichnerischen Eintragungen, – gedankliches Nachvollziehen der Informationen.

1. Basis-Aufgaben: **Von den fünf vorgegebenen Auswahlantworten ist jeweils nur eine richtig. Kreuzen Sie die Lösung in der Aufgabe an.**

a) Zu Position 1
Wie groß ist der Bohrungsdurchmesser für das Gewinde M20?
① 16,0 mm
② 20,0 mm
③ 18,0 mm
④ 17,5 mm
⑤ 18,4 mm

b) Zu Position 3
Welche Aussage über den Bohrungsabstand ist richtig?
① Die Toleranz beträgt 1,2 mm.
② Das Höchstmaß beträgt 85,2 mm.
③ Das Mindestmaß beträgt 86,8 mm.
④ Das untere Abmaß beträgt 0 mm.
⑤ Angabe des Passmaßes ist 86 ± 0,8 mm.

c) Zu Position 4
Was bedeutet das Symbol √ hinter der Positionsnummer?
① Die Oberfläche wird geprüft.
② Das Teil ist spanend zu bearbeiten.
③ Ein Rauheitswert ist vorgeschrieben.
④ Die Oberfläche hat besondere Güte.
⑤ Die Oberfläche soll im Anlieferungszustand bleiben.

d) Zum Werkstoff
Welche Angabe wird durch die Zahl 235 gekennzeichnet?
① Härte der Randschicht
② Zugfestigkeit R_m in N/mm^2
③ Bruchdehnung A in %
④ Steckgrenze R_e in N/mm^2
⑤ Kohlenstoffgehalt 2,35%

2. Kontext-Aufgaben

a) Was bedeutet neben dem Einzelteil (Pos. 4) die Angabe 1:5?
b) Welche Information soll durch die eingerahmte Maßangabe M20×30 vermittelt werden?
c) Warum ist bei der Bemaßung des Einzelreiles (Pos. 4) die Zahl 120 unterstrichen?
d) Welche Bedeutung hat die Angabe a5 vor dem Symbol der Kehlnaht (techn. Zeichnung)?
e) Warum ist für die Versteifungsrippe (Pos. 4) eine Kantenbrechung 20×20 vorgesehen?
f) Überzeugen Sie sich anhand eines Tabellenbuches, ob die Stabstähle erhältlich sind.

	Konsole – Informationsphase	Name		
		Klasse	Datum	7.13.1

Planungsphase: Planen Sie sorgfältig die einzelnen Arbeitsschritte der Fertigung.
Vorüberlegung
- Erfassen der zeichnerischen Darstellung,
- Erfassen der Bauteile und Funktionen,
- gedankliches Ordnen der Arbeitsschritte.

3. Planungsaufgabe: Planen Sie die Herstellung der geschweißten Konsole. Ordnen Sie durch Ankreuzen in der Tabelle die Arbeitsgänge den Arbeitsschritten zu.

	Arbeitsgang	**Arbeitsgang**								
		1	2	3	4	5	6	7	8	9
A	Grundplatte (Pos. 2) mit der Lochplatte (Pos 3) heften									
B	Grundplatte (Pos. 2) mit der Lochplatte (Pos 3) verschweißen									
C	Prüfen des gegebenen Materials nach der Zeichnung und der Stückliste									
D	Lage und Winkligkeit des Führungszapfens (Pos. 1) überprüfen									
E	Versteifungsrippe (Pos. 4) im Winkelteil (Pos. 2 mit Pos. 3) heften									
F	Winkligkeit der Pos. 2 mit Pos. 3 und Pos. 4 überprüfen									
G	Schweißnähte säubern									
H	Führungszapfen (Pos. 1) an die geschweißte Winkelkonsole heften									
I	Verteilungsrippe (Pos. 4) mit Grund- und Lochplatte verschweißen									
K	Führungszapfen (Pos. 1) mit der geschweißten Winkelkonsole verschweißen									

	Konsole – Planungsphase	Name	
		Klasse	Datum	7.13.2

4. Kontext-Aufgabe

a) Planen Sie die Herstellung des Führungszapfens (Teil 1) in Tabellenform.

b) Ermitteln Sie das Fertiggewicht (Schweißnähte vernachlässigt) der Konsole.

c) Erklären Sie die Wechselbeziehungen zwischen Spannungen und Verwerfungen.

d) Zeigen Sie mögliche Fehler durch Sichtkontrolle an einer Schweißnaht auf.

e) Diskutieren Sie wirtschaftliche Gesichtspunkte zur Gestaltung der Konsole.

f) Nennen Sie wesentliche Faktoren für die Kostenrechnung der Konsole.

	Konsole – Arbeitsplanung	Name		
		Klasse	Datum	7.13.3

Planung und Dokumentation pneumatischer Steuerungen

Auftrag

Die pneumatische Steuerung einer Vorrichtung zum Verschieben von Getränkekisten auf einer Rollenbahn ist zu entwickeln und zu dokumentieren.

Problemstellung

Ist-Zustand

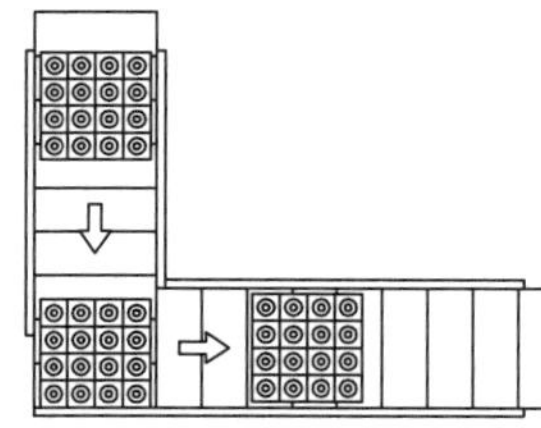

Analyse

⇨ **Technische Anforderungen**

- Bestimmung der erforderlichen Kräfte zum Verschieben der Getränkekästen
- Dimensionierung des Pneumatikzylinders
- Dimensionierung der Ventile und Zuleitungen
- Schrittfolgen
- Sicherheitsanforderungen
- …

⇨ **Ergebnisse**

- Anforderungsliste mit Fest- und Wunschforderungen
- Daten für die Planungsentscheidung
- Ablaufbeschreibung
- Lagepläne
- …

Planung

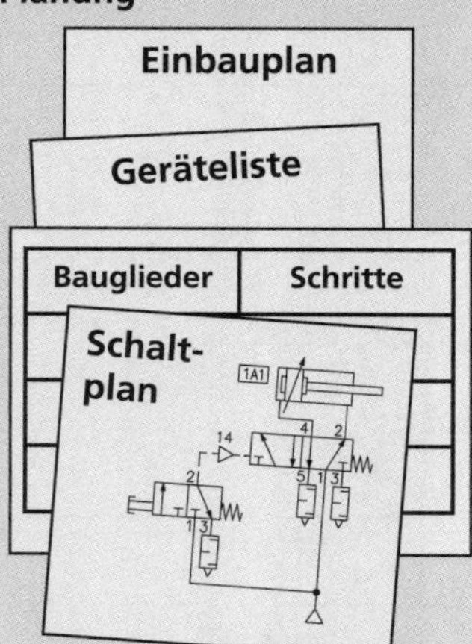

⇨ **Entscheidungen**

- Art der Steuerung (z. B. pneumatisch)
- Ablauf
- Schaltung
- Einbau
- Bauelemente
- …

⇨ **Ergebnisse**

- Technologieschema
- Funktionsplan
- Schaltplan
- Geräteliste
- Einbauliste
- …

Realisieren

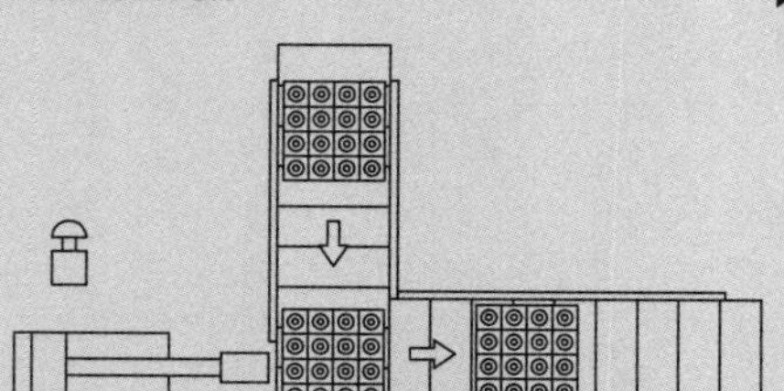

⇨ **Montieren**

- System „Rollengang" aufbauen
- Pneumatikbauteile nach Schaltplan verschlauchen
- Probelauf durchführen
- …

⇨ **Ergebnisse**

- Testergebnisse dokumentieren
- Übergabe an den Kunden
- …

DIN ISO 1219	Pneumatische Steuerungen	Name		
		Klasse	Datum	7.14.1

Problemstellung

Das Technologieschema zeigt den Ausschnitt einer Rollenbahn in der Versandabteilung eines Unternehmens. Die zugehörige pneumatische Steuerung ist ebenfalls schematisch dargestellt.
Die Steuerung ist nach DIN unter Berücksichtigung ergonomischer Anforderungen zu optimieren und nach DIN ISO 1219 zu dokumentieren.

Analysieren

1. **Kennzeichnen Sie im Steuerungsteil des Technologieschemas die unter Druck stehenden Pneumatikbauteile und Leitungen farbig (zum Beispiel „blau").**

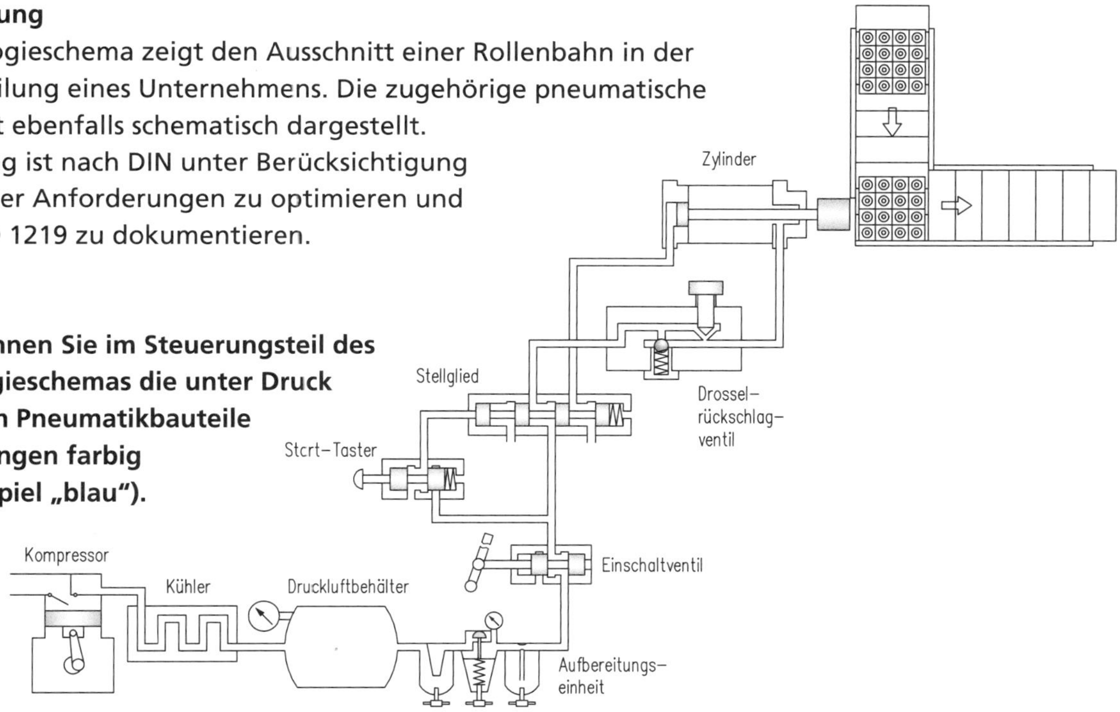

2. **Skizzieren Sie für die in der Tabelle aufgeführten Pneumatikbauteile das zugehörige Symbol nach DIN ISO 1219.**

Beschreibung der verwendeten Pneumatikbauteile		**Darstellung im Technologieschema**	**Symbol nach DIN ISO 1219-1**
Arbeitselemente	Doppeltwirkender Zylinder: mit beidseitig einstellbarer Endlagendämpfung	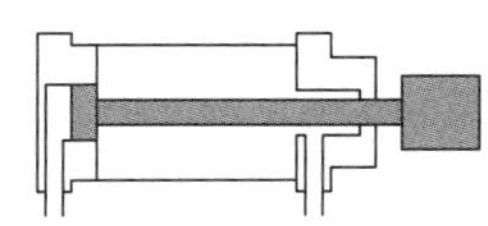	
Stellelemente	5/2-Wege-Pneumatikventil: einseitig druckluftbetätigt, Rückstellung durch Feder	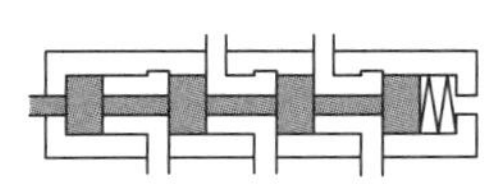	
Verarbeitungselemente	Stromventil: Drosselrückschlagventil, einstellbar	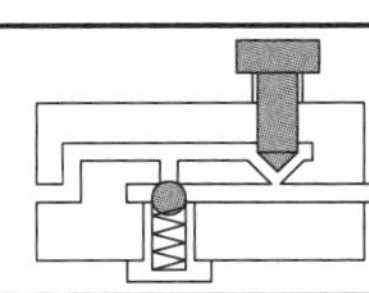	
Eingabeelemente	Wegeventil: 3/2-Wegeventil, Betätigung durch Druckknopf, Rückstellung durch Feder, Sperr-Ruhestellung	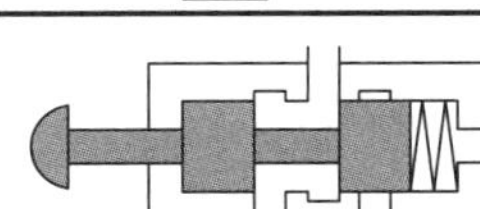	
Versorgungselemente	Wegeventil: 3/2-Wegeventil, Betätigung durch Hebel mit Raste, Rückstellung durch Feder, Sperr-Ruhestellung	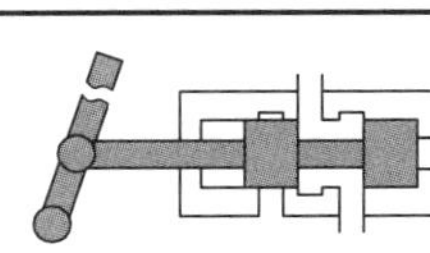	
	Druckluft-Aufbereitungseinheit: vereinfachte Darstellung mit Filter und Öler	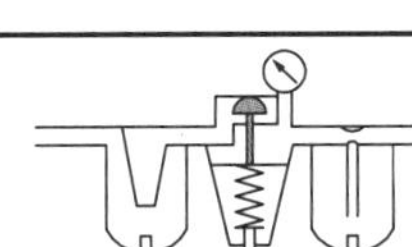	
	Druckluftquelle: vereinfachte Darstellung	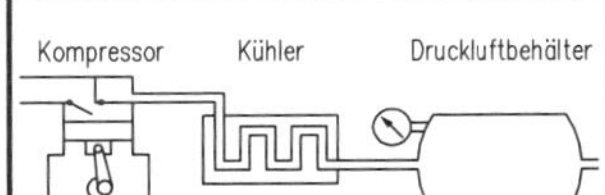	

DIN ISO 1219	Pneumatiksymbole 1	Name Klasse / Datum	7.14.2

Planen

3. Welcher der drei folgenden Schaltpläne stimmt mit der im Technologieschema von Aufgabe 1 dargestellten pneumatischen Steuerung überein?

☐ Lösung 1

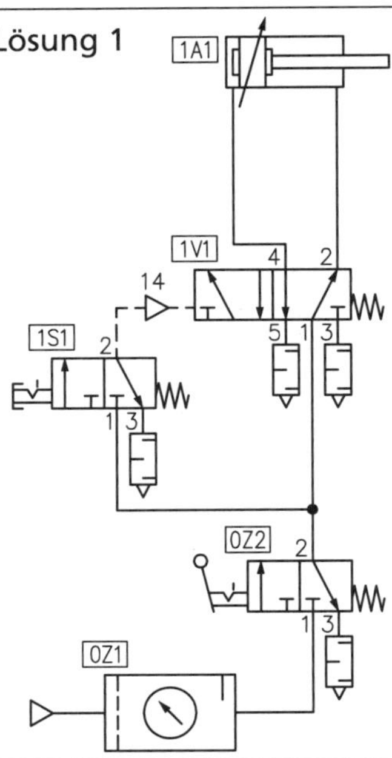

☐ Lösung 2

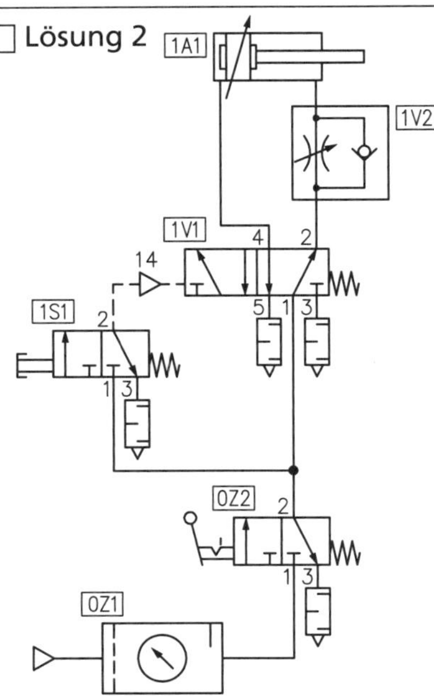

☐ Lösung 3

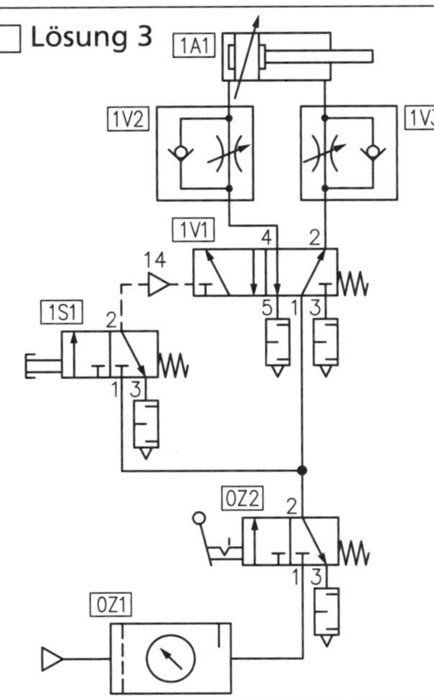

4. Beschreiben Sie stichwortartig den im Schaltplan dargestellten Steuerungsablauf.

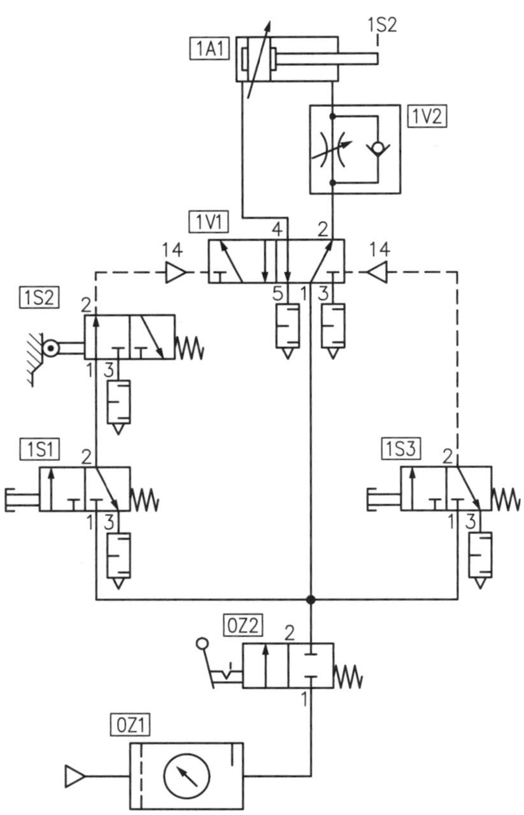

DIN ISO 1219	Pneumatiksymbole 2	Name		
		Klasse	Datum	**7.14.3**

Verzeichnis der im Buch zitierten Normen